序 PREFACE

据公开的资料披露，2013—2019 年，我国工程造价甲级咨询企业占比呈持续上升趋势，从 36.6% 上升到 55.6%。2021 年年末，全国共有 11 398 家工程造价咨询企业参加了统计，比上年增长 8.7%。2019—2022 年，我国工程造价咨询从业人员中注册造价工程师人数不断增加，从 9 万多人提升到超过 14 万人。截至 2022 年年末统计，我国共有注册造价工程师 14.8 万人，占全部从业人员的 12.9%。其中：一级注册造价工程师 11.7 万人，占比 79.2%；二级注册造价工程师 3.1 万人，占比 20.8%。

建设工程造价咨询行业转型升级的加速，国际市场竞争机会的增多，业务范围的扩展，对以注册造价工程师为代表的专业人员的需求也呈上升趋势。

2023 年 10 月，中国建设工程造价管理协会发布的《新时期工程造价专业人员职业素养研究》提出，在这样的发展背景下，要加强专业人员终生学习的宣传，提高工程造价人员主动学习的内在驱动力。

高等学校的工程造价专业，是培养注册造价工程师的主阵地，而一套与时俱进、符合时代需求的系列教材，将始终在专业或行业建设与发展中起到引领与助力的作用。

本系列教材，自 2015 年出版以来，受到了普遍欢迎和好评。截至 2024 年 1 月统计，共出版教材 20 余部，印刷 10 余万册，有 100 多所本科或高职院校使用了本系列教材。

为满足新时代对教材的新要求，本系列教材启动再版的编写与出版工作。我希望，系列教材的各位主参编老师与出版社齐心协力，与时俱进，不辱使命，为学生以及行业读者奉献一套精品教材，为实现中华民族的伟大复兴贡献出我们的一份力量。

张建平

2024 年 6 月

高等教育工程造价专业系列教材

园林绿化工程计量与计价
（第2版）

YUANLIN LÜHUA GONGCHENG JILIANG YU JIJIA

主　编⊙杨嘉玲　徐　梅
副主编⊙张宇帆
主　审⊙张建平

西南交通大学出版社
·成都·

内容提要

本书依据现行国家标准《建设工程工程量清单计价规范》(GB 50500—2013)和《园林绿化工程工程量计算规范》(GB 50858—2013)编写。全书共分为9章，详细介绍了园林工程计价基础以及园林土方工程、园路园桥工程、园林水景工程、园林景观工程、绿化种植工程、园林假山工程、园林工程措施项目的计量与计价。

本书结构新颖、图文并茂、通俗易懂，可作为高等学校工程造价、工程管理、园林工程等专业的教材，也可以作为工程造价技术人员的自学教材和参考书。

图书在版编目（CIP）数据

园林绿化工程计量与计价 / 杨嘉玲，徐梅主编.
2版. -- 成都：西南交通大学出版社，2024.7.
ISBN 978-7-5643-9950-4

Ⅰ. TU986.3

中国国家版本馆CIP数据核字第2024TC4095号

Yuanlin Lühua Gongcheng Jiliang yu Jijia

园林绿化工程计量与计价（第2版）

主编　杨嘉玲　徐　梅

策 划 编 辑	吴　迪　郑丽娟
责 任 编 辑	姜锡伟
封 面 设 计	墨创文化
出 版 发 行	西南交通大学出版社 （四川省成都市金牛区二环路北一段111号 西南交通大学创新大厦21楼）
营销部电话	028-87600564　028-87600533
邮 政 编 码	610031
网　　　址	http://www.xnjdcbs.com
印　　　刷	郫县犀浦印刷厂
成 品 尺 寸	185 mm × 260 mm
印　　　张	11.5
字　　　数	278千
版　　　次	2016年1月第1版 2024年8月第2版
印　　　次	2024年8月第8次
书　　　号	ISBN 978-7-5643-9950-4
定　　　价	36.00元

图书如有印装质量问题　本社负责退换
版权所有　盗版必究　举报电话：028-87600562

高等教育工程造价专业系列教材

建设委员会

主　任　张建平

副主任　时　思　卜炜玮　刘欣宇

委　员　（按姓氏音序排列）

　　　　陈　勇　樊　江　付云松　韩利红

　　　　赖应良　李富梅　李琴书　李一源

　　　　莫南明　屈俊童　饶碧玉　宋爱苹

　　　　孙俊玲　夏友福　徐从发　严　伟

　　　　张学忠　赵忠兰　周荣英

前言 PREFACE

第2版

本书第1版出版后，书中所依据的标准、规范有了新的调整。为了与时俱进，本书在依据现行国家标准《建设工程工程量清单计价规范》(GB 50500—2013)和《园林绿化工程工程量计算规范》(GB 50858—2013)的基础上，根据最新的计价规则和计价标准更新了相应内容。

本书在第1版的基础上，增加了第1章中竹类及花卉分类介绍，更新了第1章中的建筑安装工程费用组成、计价规则及各项费用计算方法、计算实例以及各章中的计价表格与计价实例，第9章采用最新版软件展示计价流程。

本书由昆明理工大学津桥学院杨嘉玲、徐梅担任主编，昆明理工大学津桥学院张宇帆担任副主编，昆明理工大学张建平担任主审。

编写分工为：杨嘉玲编写第1章、第2章、第3章，徐梅编写第4章、第5章、第6章，张宇帆编写第7章、第8章、第9章。全书由杨嘉玲统稿。

本书可作为高等学校工程造价、工程管理、园林工程等专业的教材，也可作为工程造价专业人员的自学教材和参考用书。

本书在编撰过程中，参考了现行的有关标准和教材，得到了张建平老师的指导和支持，谨此一并致谢。由于作者水平有限，加之书中有些问题还有待探索，不足之处在所难免，敬请读者见谅并批评指正。

编　者

2024年5月

前言
PREFACE

第1版

  本书依据现行国家标准《建设工程工程量清单计价规范》(GB 50500—2013)和《园林绿化工程工程量计算规范》(GB 50858—2013)编写。全书共分为9章：第1章为园林工程计价基础，第2章为园林土方工程，第3章为园路及园桥工程，第4章为园林水景工程，第5章为园林景观工程，第6章为绿化种植工程，第7章为园林假山工程，第8章为园林工程措施项目，第9章为计算机辅助工程计价。

  本书结构新颖、图文并茂、通俗易懂。书中按园林工程内容划分章节，园林土方工程、园路及园桥工程、园林水景工程、园林景观工程、绿化种植工程、园林假山工程、园林工程措施项目的每一章均列出了清单分项与定额分项、工程量计算规则和计算方法，以及可参考的定额和单位估价表。本书以工程图纸配合计量与计价的详解过程，按照"读图→列项→算量→套价→计费"的"五步法"对园林绿化工程计价进行了深入细致的介绍。

  本书由昆明理工大学津桥学院杨嘉玲、徐梅担任主编，昆明学院朱双颖、昆明理工大学津桥学院张宇帆担任副主编，昆明理工大学张建平担任主审。

  编写分工为：杨嘉玲编写第1章、第2章、第3章，徐梅编写第4章、第5章、第6章，朱双颖编写第7章，张宇帆编写第8章、第9章。全书由杨嘉玲统稿。

  本书可作为高等学校工程造价、工程管理、园林工程等专业的教材，也可作为工程造价专业人员的自学教材和参考用书。

  本书在编撰过程中，参考了新近出版的有关标准和教材，得到了张建平老师的指导和支持，谨此一并致谢。由于作者水平有限，加之书中有些问题还有待探索，不足之处在所难免，敬请读者见谅并批评指正。

编 者

2015年10月

目 录
CONTENTS

第 1 章 园林工程计价基础 ························· 1
 1.1 园林工程概述 ····························· 1
 1.2 园林工程计价概述 ························· 11
 1.3 课程教学内容及学习方法 ··················· 27
 本章习题 ····································· 30

第 2 章 园林土方工程 ··························· 31
 2.1 项目划分 ································· 31
 2.2 工程量计算规则 ··························· 36
 2.3 计算实例 ································· 42
 本章习题 ····································· 47

第 3 章 园路及园林工程 ························· 50
 3.1 项目划分 ································· 50
 3.2 工程量计算规则 ··························· 55
 3.3 计算实例 ································· 57
 本章习题 ····································· 62

第 4 章 园林水景工程 ··························· 64
 4.1 项目划分 ································· 64
 4.2 工程量计算规则 ··························· 66
 4.3 计算实例 ································· 67
 本章习题 ····································· 77

第 5 章　园林景观工程 ································· 80
5.1　项目划分 ··································· 80
5.2　工程量计算规则 ······················· 88
5.3　计算实例 ··································· 89
本章习题 ··· 103

第 6 章　绿化种植工程 ································· 106
6.1　项目划分 ··································· 106
6.2　工程量计算规则 ······················· 113
6.3　计算实例 ··································· 119
本章习题 ··· 139

第 7 章　园林假山工程 ································· 142
7.1　项目划分 ··································· 142
7.2　工程量计算规则 ······················· 144
7.3　计算实例 ··································· 145
本章习题 ··· 152

第 8 章　园林工程措施项目 ························· 154
8.1　项目划分 ··································· 154
8.2　工程量计算规则 ······················· 157
8.3　计算实例 ··································· 158
本章习题 ··· 161

第 9 章　计算机辅助工程计价 ····················· 163
9.1　计价软件概述 ··························· 163
9.2　计价软件的新建工程 ··············· 164
9.3　分部分项工程费计算操作 ······· 167
9.4　措施项目费计算操作 ··············· 170
9.5　其他项目费计算操作 ··············· 171
9.6　人材机汇总 ······························· 171
9.7　费用汇总 ··································· 172
9.8　报　表 ······································· 173

参考文献 ··· 174

第 1 章　园林工程计价基础

教学要求：
- 熟悉园林工程的概念及内容划分；
- 掌握园林工程的计价方法；
- 掌握园林工程计价的费用组成；
- 掌握园林工程各项费用的计算方法；
- 了解本课程的教学内容和学习方法。

本章主要讨论园林工程的概念及内容划分、工程计价方法、费用组成及计算方法、课程教学内容及学习方法等问题。

1.1　园林工程概述

园林指庭园、宅园、小游园、花园、公园、植物园、动物园等，还包括森林公园、风景名胜区、自然保护区或国家公园的游览区以及休养胜地，如图 1.1、图 1.2 所示。

图 1.1　庭园　　　　　　　　　　图 1.2　公园

园林工程是指在一定的地域应用工程技术、艺术手段，通过改造地形或进一步地筑山理水、叠石、种植花草树木、营造园林建筑、布置园路及园桥、建造水景假山等景观工程的途径，创造美丽的自然环境和游憩场所的过程，其对象包括庭园、宅园、小游园、花园、公园、植物园、动物园，还包括森林公园、风景名胜区、自然保护区或国家公园的游览区以及休养胜地。

园林绿化工程建设泛指园林城市绿化和风景名胜区中涵盖园林建筑工程在内的环境建设。构成园林景观的六大要素包括：山体、水体、植物、小品、道路、建筑。园林绿化工程内容包括园林土方工程、园路及园桥工程、园林水景工程、园林景观工程、绿化种植工程、园林假山工程等几个部分，还包括一些设施工程，如给排水工程、照明工程等。

建设园林绿化工程是一项公共事业。园林绿化工程复杂多样，一般具有工程规模大、涉及面广，园林建筑构造复杂，新技术、新材料更新较快，涉及部门多等特点，因此造价管理工作相对比较烦琐。

1.1.1　园林土方工程

在建设区域，依据竖向设计进行土方工程计算及土方施工、塑造、整理园林建设场地，与地形整理和改造相关的设计以及施工过程称为园林土方工程。其主要目的是在充分利用原地形的基础上，对不符合园林要求的部位进行重新设计，并通过挖方、搬运、填方、整修等措施加以改造，改变原地形的景观形象。

地形是园林构成的要素之一，是组景及构景的主要因素，园林中的其他要素（园路、园林建筑、园林植物）都与地形相联系。地形是风景建设组成的基础和骨架。地形基本上决定了环境的总秩序与形态，决定了园林的风格和形式。

园林土方工程是解决园林中各个景点、各种设施及地貌等在高程上如何创造高低变化和协调统一的重要手段，如坡、谷、峰、峦等地貌的设置，以及它们的位置、形态、大小、高程以及比例关系等。如图1.3、图1.4所示，景观地形或挖湖堆山，或起坡成谷，可营造唯美、开阔的绿地景观。

图1.3　景观地形

图1.4　绿地起坡

1.1.2　园路及园桥工程

园路是指园林绿化地域范围内联系各景区、景点以及活动中心的地带，具有引导游览、分散人流的功能，同时也可供游人散步和休息之用。园路可分为主干道、次干道和步行道三种类型，如图1.5~图1.7所示。

图 1.5 主干道

图 1.6 次干道

图 1.7 步行道

园路工程是园林中的道路工程，包括园路布局、路面层结构和地面铺装等的设计。园林道路是园林的组成部分，像脉络一样，把园林的各个景区连成整体。园林道路本身又是园林风景的组成部分，蜿蜒起伏的曲线、精美的图案，都给人以美的享受。

园桥是指建筑在庭园、公园、植物园、动物园、森林公园、风景名胜区、游览胜地以及小游园内，主桥孔洞宽度在 5 m 以内的，供游人通行并有观赏价值的步桥，是园林中的风景桥，如图 1.8 所示。

图 1.8 园桥

园桥工程是园林景观的一个重要组成部分，可以联系风景点的水陆交通、组织游览线路、变换观赏视线、点缀水景、增加水面层次，兼有交通和艺术欣赏的双重作用。园桥在造园艺术上的价值，往往超过其交通功能。

1.1.3 园林水景工程

水是园林的生命,是景观之魂。园林景观中有水,不但能让景色更加美丽,使景色生机活泼,还具有灌溉、消防、增湿、种植、划船、划水等功能,具有生活、娱乐、实用价值。在园林工程营造中,水景的应用是不可或缺的。水景在园林工程造园上的运用与布置一般要根据造景的面积、形式以及水源供给情况而定,如果造园基地或附近有天然充沛的水源存在,则是利用自然水景的最好机会,否则可以就造园的地势、投资条件,在适宜的地段范围内由人工筑造。现今,为节约用水,人工筑造的水景多采用循环水的方式。

水景设计形式,自然界有江河、湖泊、瀑布、溪流和涌泉等,园林景观水景设计既要师法自然,又要不断创新。水景可以设计成平静、流动、跌落和喷涌四种形式。平静的有湖泊、水池、水塘等,流动的有溪流、水坡、水道等,跌落的有瀑布、水帘、跌水、水墙等,喷涌的有多重喷泉等。在水景设计中可以一种形式为主,其他形式为辅,或几种形式相结合。另外,水的四种形式也反映了水从源头(喷涌)到过渡(流动或跌落)再到终止(静水)的过程,在水景的设计中可以充分利用这种水的运动原理创造出各色水体景观系列,如图 1.9 所示。

驳岸(俗称护岸)是指在园林中的水体边上所做的护岸工程,如图 1.10 所示。

驳岸工程是指建于水体边缘和陆地交界处,用工程措施加工岸而使其稳固,以免遭受各种自然因素和人为因素的破坏,保护风景园林中水体的设施。

图 1.9 园林水景

图 1.10 驳岸

1.1.4 园林景观工程

园林景观工程是指园林中供装饰、照明、展示以及游人休憩、使用和园林管理的小型建筑设施。它体量小巧,造型别致,既能美化环境、丰富园趣,为游人提供文化休息和公共活动的方便,又能让游人从中获得美的感受和良好的教益。园林景观设施根据其用途,可分为:

(1)供休息的景观设施,包括各种造型的园椅、凳、桌和遮阳的伞、罩等。这类设施常结合环境,用自然块石或用混凝土做成仿石、仿树墩的凳、桌;或利用花坛、花台边缘的矮墙和地下通气孔道来做椅、凳等;或围绕大树基部设椅凳,既可休息,又能纳荫。

（2）装饰性景观设施，包括各种固定的和可移动的花钵、饰瓶，如可以经常更换的花卉，装饰性的日晷、香炉、水缸，各种景墙（如九龙壁）、景窗等，在园林中起点缀作用。

（3）结合照明的景观设施，如园灯的基座、灯柱、灯头、灯具等，都有很强的装饰作用。

（4）展示性的景观设施，如各种布告板、导游图板、指路标牌以及动物园、植物园和文物古建筑的说明牌、阅报栏、图片画廊等，都对游人有宣传、教育的作用。

（5）服务性的景观设施，如为游人服务的饮水泉、洗手池、公用电话亭、时钟塔等，为保护园林设施的栏杆、格子垣、花坛绿地的边缘装饰等，为保持环境卫生的废物箱等。

园林景观设施工程包括园林小品和园林小摆设。园林小品包括堆仿塑装饰（如雕塑）和小型预制钢筋混凝土、金属构件等小型设施。园林小摆设包括各种仿匾额、花瓶、花盆、石鼓及小型水盆、花坛池、花架、园林桌椅等，如图1.11、图1.12所示。

图1.11　花架

图1.12　雕塑

1.1.5 绿化种植工程

绿化种植是指种植树木、花卉、草皮等绿色植物，以改善自然环境和人们生活、工作、学习的环境。绿化有两个范畴：一是国土绿化，即绿化祖国、植树造林，提高全国森林覆盖率；二是在城市规划区内种植树木、花草，以改善城市生态环境，美化人们生活、工作、学习的环境，增强人们身心健康。

绿化种植工程是园林工程的重要组成部分，也是园林工程中最具生命力和活力的部分。绿化一词泛指除天然植被以外的，为改善环境而进行的人工绿化的种植。绿化种植工程就是按照设计要求植树、栽花、铺草并使其成活，可划分为绿地整理、栽植花木、绿地喷灌三个部分。根据生长类型不同，植物可划分为乔木、灌木、竹类、棕榈类、绿篱、攀缘植物、花卉、水生植物、草坪等。

（1）乔木。乔木是指树身高大的树木，由根部生出独立的主干，树干和树冠有明显区分。乔木的尺寸大小一般用胸径或者冠幅表示。

乔木是园林中的骨干树种，无论在功能上还是在艺术处理上都能起主导作用，如界定空间、提供绿荫、防止眩光、调节气候等。其中，多数乔木在色彩、线条、质地和树形方面随叶片的生长与凋落可形成丰富的季节性变化，即使冬季落叶后也能展现出枝干线条美，如图 1.13 所示。常用的绿化乔木有：香樟、银杏、樱花、垂柳、雪松、槐树等。

图 1.13　乔木

（2）灌木。灌木是指树体矮小，通常在 6 m 以下，主干低矮且不明显，呈丛生状态的树木。灌木的尺寸大小一般用株高或者蓬径表示。

灌木在园林植物群落中属于中间层，起着乔木与地面、建筑物与地面之间的连贯和过渡作用。灌木种类繁多，既有观花的，也有观叶、观果、观枝干的，更有花果或果叶兼美的，因此它在园林景观营造中具有极其重要的作用。灌木栽植形式可分为单株栽植和成片栽植，如图 1.14、图 1.15 所示。常见的绿化灌木有：杜鹃、牡丹、黄杨、沙地柏、铺地柏、连翘、迎春、紫荆、茉莉、沙柳等。

图 1.14　单株灌木

图 1.15　成片灌木

（3）竹类。竹类是一类再生性很强的植物，是重要的造园材料，是构成中国园林的重要元素。竹类植物是集文化美学、景观价值于一身的优良观赏植物，如图 1.16 所示。

竹类根据地下茎的形态特征分为散生竹和丛生竹。散生竹的尺寸大小一般用胸径表示，指竹鞭在土壤中横向延伸，地下的茎上有节，节上有芽，节上的芽发育成笋或鞭，地上的竹株分布稀疏的散生状竹，如毛竹、雷竹等。丛生竹的尺寸大小用根盘丛径表示，指地下茎无横向生长的竹鞭，它的地下茎实际是由秆基和秆柄组成的，粗大短缩，节密根多，合称为竹蔸，如绿竹、麻竹、大头典竹等。秆基两侧着生一芽，排成二列，这个芽又称为芽目或笋目，大都可以出笋成竹，长成的新竹靠近老秆。其地上的竹株分布成丛生状。

竹枝干挺拔修长，亭亭玉立，四季青翠，凌霜傲雪，备受人们喜爱，有"梅兰竹菊"四君子之一、"梅松竹"岁寒三友之一等美称。

常见的绿化竹类有：紫竹、观音竹、孝顺竹、黄金碧玉竹、凤尾竹等。

图 1.16　竹类

（4）棕榈类。棕榈类植物大多喜高温、高湿的热带、亚热带环境，乔木状，树干呈圆柱形。棕榈类的尺寸大小一般用株高或者地径表示，如图 1.17 所示。

图 1.17　棕榈类

棕榈类植物树势挺拔，叶色葱茏，适于四季观赏。棕榈类植物以其特有的形态特征构成了热带植物部分特有的景观。常见的绿化棕榈类有：鱼尾葵、旅人蕉、棕榈、苏铁、蒲葵、槟榔等。

（5）绿篱。绿篱是指由灌木以近距离的株行距密植，栽成单行或多行紧密结合的规则种植形式。绿篱树种可修剪成各种造型，并能相互组合，从而提高了观赏效果和艺术价值。绿篱的尺寸大小一般用株高或者蓬径表示，如图 1.18 所示。

绿篱还能起到遮盖不良视点、隔离防护、防尘防噪、引导游人观赏等作用。

常见的可用作绿篱的植物有：金叶女贞、小叶黄杨、红花檵木、紫叶小檗等。

图1.18 绿篱

（6）攀缘植物。攀缘植物是中国造园中常用的植物材料。当前，由于城市园林绿化的用地面积越来越少，充分利用攀缘植物进行垂直绿化是拓展绿化空间、增加城市绿量、提高整体绿化水平、改善生态环境的重要途径。攀缘植物的尺寸大小一般用地径表示，如图1.19所示，可分为缠绕类、卷须类、吸附类和蔓生类。

图1.19 攀缘植物

缠绕类依靠自身缠绕支持物而向上延伸生长，攀缘能力强，常见的有紫藤、木通、金银花、油麻藤、茑萝、牵牛、何首乌等。

卷须类依靠卷须而攀缘，攀缘能力也很强，如在农业观光园和度假村中常应用的葡萄、观赏南瓜、葫芦、丝瓜、西番莲、炮仗花、香豌豆等。

吸附类依靠吸附作用而攀缘，如爬山虎、五叶地锦、常春藤、凌霄等。

蔓生类依靠细柔而蔓生的枝条而攀缘，攀缘能力最弱，但垂吊效果好，常见的有蔷薇、木香、叶子花、藤本月季等。

（7）花卉。花卉是指以花朵或花序供观赏的草本或木本地被植物、灌木等，种类繁多，色彩各异，可用作花坛、盆栽、切花等，如图1.20所示。花卉的尺寸大小一般用株高或者蓬径表示。常用的草本花卉有春天花卉三色堇、石竹，夏天花卉凤仙花、雏菊，秋天花卉一串红、万寿菊、九月菊，冬天花卉羽衣甘蓝等。常用的木本花卉有牡丹、玫瑰、月季等。

图 1.20 花卉

木质部不发达、支持力较弱的花卉茎，称为草质茎。具有草质茎的花卉，叫作草本花卉。草本花卉，按其生育期长短不同，又可分为一年生、二年生和多年生几种。

一年生花卉指生长期为一年的花卉，当年播种，从开花、结实直至死亡，如一串红、刺茄、半枝莲等。

二年生花卉指生长期为两年的花卉，一般是在第一年秋季播种，到第二年春夏开花、结实直至死亡，如金鱼草、金盏花、三色堇等。

多年生花卉指生长期在两年以上，有永久性的地下根、茎的花卉。它们的地上茎、叶部分存在着两种类型：有的地上部分能保持终年常绿，如文竹、四季海棠、虎皮掌等；有的地上部分是每年春季从地下根际萌生新芽，长成植株，到冬季枯死，如芍药、美人蕉、大丽花、鸢尾、玉簪、晚香玉等。

多年生花卉又分为宿根花卉、球根花卉、块根花卉。宿根花卉一年种植可多年开花，其植株地下部分宿根越冬而不形成肥大的球状或块状根，次春仍能萌出新芽、开花并延续多年的花卉，如芍药、报春等。球根花卉是指具有由地下茎或根变态形成的膨大部分的多年生草本花卉，如水仙、郁金香等。块根花卉是指由侧根或不定根的局部膨大而形成植物根系的多年生草本花卉，如天门冬、大丽花等。

（8）水生植物。能在水中生长的植物统称为水生植物，其叶子柔软而透明，能最大限度地得到光照和吸收水里溶解得很少的二氧化碳，保证光合作用的进行。水生植物的尺寸大小一般用株高或者蓬径表示。园林中常用水生植物分为以下几大类：

挺水植物：植株高大，直立挺拔，下部或基部沉于水中，根或地茎扎入泥中生长，上部植株挺出水面，花色艳丽。常见的有荷花、菖蒲、水葱、香蒲、芦苇等，如图 1.21 所示。

浮叶植物：花大色艳，叶片漂浮于水面上。常见的有王莲、睡莲、荇菜等，如图 1.22 所示。

漂浮植物：这类植株的根不生于泥中，株体漂浮于水面之上，随水流、风浪四处漂泊，多数以观叶为主，为池水提供装饰和绿荫。又因为它们既能吸收水里的矿物质，又能遮蔽射入水中的阳光，所以也能够抑制水体中藻类的生长，能更快地提供水面的遮盖装饰。常见的有浮萍、紫背浮萍、凤眼蓝、大藻等。

图 1.21 挺水水生植物

图 1.22 浮叶水生植物

沉水植物：这类植株的根茎生于泥中，整个植株沉没在水中，植物体的各部分都可吸收水分和养料，通气组织特别发达，有利于在水中缺乏空气的情况下进行气体交换，其叶子大多为带状或丝状。常见的有苦草、金鱼藻、狐尾藻、黑藻等。

湿生植物：植物体生长在水体边缘、浅水带、沼泽、湿地等，喜土壤足够湿润、充满水分的生境条件，品种非常多，主要起观赏作用，也可以为水鸟和其他光顾水池的动物提供藏身的地方。常见的有梭鱼草、千屈菜、泽泻、苔草、红蓼等。

（9）草坪。草坪是指由多年生矮小草本植株密植，并经人工建植或人工养护管理的草地。草坪能起到美化环境、净化空气、保持水土、提供户外活动和体育运动场所等多方面的作用，如图 1.23 所示。常见的可用作草坪的植物有：高羊茅、黑麦草、早熟禾、白三叶、剪股颖等。

图 1.23 草坪

1.1.6 园林假山工程

园林假山,包括假山和置石两个部分。假山是以造景游览为主要目的,充分地结合其他多方面的功能作用,以土、石等为材料,以自然山水为蓝本并加以艺术提炼和夸张,用人工再造的山水景物的通称,如图 1.24 所示。

置石是以山石为材料作独立性或附属性造景布置的景观,主要表现山石的个体美或局部的组合而不具备完整的山形,如图 1.25 所示。

图 1.24 假山

图 1.25 置石

园林假山工程是指在庭园、宅园、小游园、花园、公园、植物园、动物园,还有森林公园、风景名胜区、自然保护区或国家公园的游览区以及休养胜地中所做的假山、石峰、石笋、景石以及自然式驳岸。

1.2 园林工程计价概述

1.2.1 工程计价基本方法

从工程费用计算的角度分析,每一建设项目都可以分解为若干子项目,每一子项目都可以计量计价,进而在上一层次组合,最终确定工程造价。其数学表达式为

$$\text{工程造价} = \sum_{i}^{n}(\text{子项目工程量} \times \text{工程单价}) \tag{1.1}$$

式中 i——第 i 个工程子项;
n——建设项目分解得到的工程子项总数。

其中,影响工程造价的主要因素有两个,即子项目工程量和工程单价。可见,子项目工程量的大小和工程单价的高低直接影响着工程造价的高与低。

如何确定子项目工程量是一个烦琐而又复杂的过程。当设计图深度不够时,我们不可能准确计算工程量,只能用大而粗的量,如建筑面积、体积等作为工程量,对工程造价进行概算;

当设计图深度达到施工图要求时，我们就可以对由建设项目分解得到的若干子项目逐一计算工程量，用施工图预算的方式确定工程造价。

工程单价的不同决定了所用计价方式的不同。投资计算指标用于投资计算；概算指标用于设计概算；人材机单价适用于定额计价法编制施工图预算；综合单价适用于清单计价法编制施工图预算；全费用单价可在更完整的层面上进行施工图预算和设计概算。

工程单价由消耗量和人材机的具体单价决定。消耗量是在长期的生产实践中形成的生产一定计量单位的建筑产品所需消耗人工、材料、施工机械的数量标准，一般体现在《预算定额》或《概算定额》中，因而《预算定额》或《概算定额》是工程计价的基础，无论采用定额计价还是清单计价都离不开定额。人材机的具体单价由市场供求关系决定，服从价值规律。在市场经济条件下，工程造价的定价原则是"企业自主报价、竞争形成价格"，因此工程单价的确定原则应是"价变量不变"，即人材机的具体单价是绝对要变的，而定额消耗量是相对不变的。

计价中的项目划分是十分重要的环节。《园林绿化工程工程量计算规范》（GB 50858—2013）是清单项目划分的标准，《预（概）算定额》是计价项目划分的标准，而清单项目划分注重工程实体，定额项目划分注重施工过程，一个工程实体往往由若干个施工过程来完成，所以一个清单分项往往要包含多个定额子项。

1.2.2　建设项目的分解

根据我国现行有关规定，一个建设项目一般可以向下一层次分解为单项工程、单位工程、分部工程、分项工程等项目。

1. 建设项目

建设项目是指在一个总体设计或初步设计的范围内，由一个或若干个单项工程所组成的，经济上实行统一核算，行政上有独立机构或组织形式，实行统一管理的基本建设单位。一般以一个行政上独立的企事业单位作为一个建设项目，如一家工厂、一所学校等。

2. 单项工程

单项工程是指具有单独的设计文件，建成后能够独立发挥生产能力和使用功能的工程。单项工程又称为工程项目，它是建设项目的组成部分。

工业建设项目的单项工程，一般是指能够生产出设计所规定的主要产品的车间或生产线以及其他辅助或附属工程，如某机械厂的一个铸造车间或装配车间等。

民用建设项目的单项工程，一般是指能够独立发挥设计规定的使用功能的各项独立工程，如大学内的一栋教学楼或实验楼、图书馆等。

3. 单位工程

单位工程是指具有单独的设计文件、独立的施工条件，但建成后不能够独立发挥生产能力和使用功能的工程。单位工程是单项工程的组成部分，如建筑工程中的一般土建工程、装饰装修工程、给排水工程、电气照明工程、园林绿化工程等均可以单独作为单位工程。

4. 分部工程

分部工程是指各单位工程的组成部分。它一般根据建筑物、构筑物的主要部位、工程结构、工种内容、材料类别或施工程序等来划分。分部工程在《预算定额》中一般表达为"章"。

5. 分项工程

分项工程是指各分部工程的组成部分。它是工程造价计算的基本要素和工程计（估）价最基本的计量单元，是通过较为简单的施工过程就可以生产出来的建筑产品或构配件，分项工程在《预算定额》中一般表达为"子目"。

1.2.3 工程造价的费用组成

根据我国住房和城乡建设部、财政部《关于印发〈建筑安装工程费用项目组成〉的通知》（建标〔2013〕44号文）的规定，我国现行建筑安装工程费用组成项目如图1.26所示。

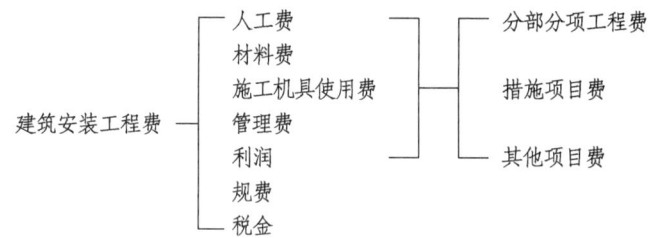

图1.26 建筑安装工程费用的组成

1. 按费用构成要素划分

建筑安装工程费按照费用构成要素划分为：人工费、材料费（包含工程设备费，下同）、施工机具使用费、企业管理费、利润、规费和税金。其中，人工费、材料费、施工机具使用费、企业管理费和利润包含在分部分项工程费、措施项目费、其他项目费中。

1）人工费

人工费是指按工资总额构成规定，支付给从事建筑安装工程施工的生产工人和附属生产单位工人的各项费用。其内容包括：

（1）计时工资或计件工资：按计时工资标准和工作时间或对已做工作按计件单价支付给个人的劳动报酬。

（2）奖金：对超额劳动和增收节支支付给个人的劳动报酬，如节约奖、劳动竞赛奖等。

（3）津贴补贴：为了补偿职工特殊或额外的劳动消耗和因其他特殊原因支付给个人的津贴，以及为了保证职工工资水平不受物价影响支付给个人的物价补贴，如流动施工津贴、特殊地区施工津贴、高温（寒）作业临时津贴、高空津贴等。

（4）加班加点工资：按规定支付的在法定节假日工作的加班工资和在法定日工作时间外延时工作的加点工资。

（5）特殊情况下支付的工资：根据国家法律、法规和政策规定，因病、工伤、产假、计划生育假、婚丧假、事假、探亲假、定期休假、停工学习、执行国家或社会义务等按计时工资标准或计时工资标准的一定比例支付的工资。

2）材料费

材料费是指施工过程中耗费的原材料、辅助材料、构配件、零件、半成品或成品、工程设备的费用。其内容包括：

（1）材料原价：材料、工程设备的出厂价格或商家供应价格。

（2）运杂费：材料、工程设备自来源地运至工地仓库或指定堆放地点所发生的全部费用。

（3）运输损耗费：材料在运输装卸过程中不可避免的损耗所发生的费用。

（4）采购及保管费：为组织采购、供应和保管材料、工程设备的过程中所需要的各项费用，包括采购费、仓储费、工地保管费、仓储损耗。

（5）工程设备费：构成或计划构成永久工程一部分的机电设备、金属结构设备、仪器装置及其他类似的设备和装置费用。

3）施工机具使用费

施工机具使用费是指施工作业所发生的施工机械、仪器仪表使用费或其租赁费。施工机具使用费由以下费用组成：

（1）折旧费：施工机械在规定的使用年限内，陆续收回其原值的费用。

（2）大修理费：施工机械按规定的大修理间隔台班进行必要的大修理，以恢复其正常功能所需的费用。

（3）经常修理费：施工机械除大修理以外的各级保养和临时故障排除所需的费用，包括为保障机械正常运转所需替换设备与随机配备工具附具的摊销和维护费用、机械运转中日常保养所需润滑与擦拭的材料费用及机械停滞期间的维护和保养费用等。

（4）安拆费及场外运费：安拆费指施工机械（大型机械除外）在现场进行安装与拆卸所需的人工、材料、机械和试运转费用以及机械辅助设施的折旧、搭设、拆除等费用；场外运费指施工机械整体或分体自停放地点运至施工现场或由一施工地点运至另一施工地点的运输、装卸、辅助材料及架线等费用。

（5）人工费：机上司机（司炉）和其他操作人员的人工费。

（6）燃料动力费：施工机械在运转作业中所消耗的各种燃料及水、电等的费用。

（7）税费：施工机械按照国家规定应缴纳的车船使用税、保险费及年检费等。

4）企业管理费

管理费是指建筑安装企业组织施工生产和经营管理所需的费用。其内容包括：

（1）管理人员工资：按规定支付给管理人员的计时工资、奖金、津贴补贴、加班加点工资及特殊情况下支付的工资等。

（2）办公费：企业管理办公用的文具、纸张、账表、印刷、邮电、书报、办公软件、现场监控、会议、水电、烧水和集体取暖降温（包括现场临时宿舍取暖降温）等费用。

（3）差旅交通费：职工因公出差、调动工作的差旅费、住勤补助费，市内交通费和误餐补助费，职工探亲路费，劳动力招募费，职工退休、退职一次性路费，工伤人员就医路费，工地转移费以及管理部门使用的交通工具的油料、燃料费等费用。

（4）固定资产使用费：管理和试验部门及附属生产单位使用的属于固定资产的房屋、设备、仪器等的折旧、大修、维修或租赁费。

（5）工具用具使用费：企业施工生产和管理使用的不属于固定资产的工具、器具、家具、交通工具和检验、试验、测绘、消防用具等的购置、维修和摊销费。

（6）劳动保险和职工福利费：由企业支付的职工退职金、按规定支付给离休干部的经费、集体福利费、夏季防暑降温费、冬季取暖补贴、上下班交通补贴等。

（7）劳动保护费：企业按规定发放的劳动保护用品的支出，如工作服、手套、防暑降温饮料以及在有碍身体健康的环境中施工的保健等费用。

（8）检验试验费：施工企业按照有关标准规定，对建筑以及材料、构件和建筑安装物进行一般鉴定、检查所发生的费用，包括自设试验室进行试验所耗用的材料等费用；不包括新结构、新材料的试验费，对构件做破坏性试验及其他特殊要求检验试验的费用和建设单位委托检测机构进行检测的费用。对此类检测发生的费用，由建设单位在工程建设其他费用中列支。但对施工企业提供的具有合格证明的材料进行检测不合格的，该检测费用由施工企业支付。

（9）工会经费：企业按《中华人民共和国工会法》规定的全部职工工资总额比例计提的工会经费。

（10）职工教育经费：按职工工资总额的规定比例计提，企业为职工进行专业技术和职业技能培训、专业技术人员继续教育、职工职业技能鉴定、职业资格认定以及根据需要对职工进行各类文化教育所发生的费用。

（11）财产保险费：施工管理用财产、车辆等的保险费用。

（12）财务费：企业为施工生产筹集资金或提供预付款担保、履约担保、职工工资支付担保等所发生的各种费用。

（13）税金：企业按规定缴纳的房产税、车船使用税、土地使用税、印花税等。

（14）其他：包括技术转让费、技术开发费、投标费、业务招待费、绿化费、广告费、公证费、法律顾问费、审计费、咨询费、保险费等。

5）利润

利润是指施工企业完成所承包工程获得的盈利。

6）规费

规费是指按国家法律、法规规定，由省级政府和省级有关权力部门规定必须缴纳或计取的费用，包括：

（1）养老保险费：企业按照规定标准为职工缴纳的基本养老保险费。

（2）失业保险费：企业按照规定标准为职工缴纳的失业保险费。

（3）医疗保险费：企业按照规定标准为职工缴纳的基本医疗保险费。

（4）生育保险费：企业按照规定标准为职工缴纳的生育保险费。

（5）工伤保险费：企业按照规定标准为职工缴纳的工伤保险费。

（6）住房公积金：企业按照规定标准为职工缴纳的住房公积金。

（7）工程排污费：企业按照规定缴纳的施工现场工程排污费。

（8）其他应列而未列入的规费，按实际发生计取。

7）税金

税金是指国家税法规定的应计入建筑安装工程造价内的增值税、城市维护建设税、教育费附加以及地方教育附加。

2. 按造价形成划分

建筑安装工程费按照工程造价形成划分为：分部分项工程费、措施项目费、其他项目费、规费、税金。分部分项工程费、措施项目费、其他项目费均包含人工费、材料费、施工机具使用费、企业管理费和利润。

1）分部分项工程费

分部分项工程费是指各专业工程的分部分项工程应予列支的各项费用。

（1）专业工程：按现行国家计量规范划分的房屋建筑与装饰工程、仿古建筑工程、通用安装工程、市政工程、园林绿化工程、矿山工程、构筑物工程、城市轨道交通工程、爆破工程等各类工程。

（2）分部分项工程：按现行国家计量规范对各专业工程划分的项目，如房屋建筑与装饰工程划分的土石方工程、地基处理与桩基工程、砌筑工程、钢筋及钢筋混凝土工程等。

各类专业工程的分部分项工程划分见现行国家或行业国家计量规范。

2）措施项目费

措施项目费是指为完成建设工程施工，发生于该工程施工前和施工过程中的技术、生活、安全、环境保护等方面的费用。其内容包括：

（1）安全文明施工费。

① 环境保护费：施工现场为达到环保部门要求所需要的各项费用。

② 文明施工费：施工现场文明施工所需要的各项费用。

③ 安全施工费：施工现场安全施工所需要的各项费用。

④ 临时设施费：施工企业为进行建设工程施工所必须搭设的生活和生产用的临时建筑物、构筑物和其他临时设施的费用，包括临时设施的搭设、维修、拆除、清理费或摊销费等。

（2）夜间施工增加费：因夜间施工所发生的夜班补助费、夜间施工降效、夜间施工照明设备摊销及照明用电等费用。

（3）二次搬运费：因施工场地条件限制而发生的材料、构配件、半成品等一次运输不能到达堆放地点，必须进行二次或多次搬运所发生的费用。

（4）冬雨季施工增加费：在冬季或雨季施工需增加的临时设施、防滑、排除雨雪、人工及施工机械效率降低等费用。

（5）已完工程及设备保护费：在竣工验收前，对已完工程及设备采取的必要保护措施所发生的费用。

（6）工程定位复测费：工程施工过程中进行全部施工测量放线和复测工作的费用。

（7）特殊地区施工增加费：工程在沙漠或其边缘、高海拔、高寒、原始森林等特殊地区施工增加的费用。

（8）大型机械设备进出场及安拆费：机械整体或分体自停放场地运至施工现场或由一个施工地点运至另一个施工地点，所发生的机械进出场运输及转移费用，以及机械在施工现场进行安装、拆卸所需的人工费、材料费、机械费、试运转费和安装所需的辅助设施的费用。

（9）脚手架工程费：施工需要的各种脚手架搭、拆、运输费用以及脚手架购置费的摊销（或租赁）费用。

（10）措施项目及其包含的内容详见各类专业工程的现行国家或行业计量规范。

3）其他项目费

（1）暂列金额：建设单位在工程量清单中暂定并包括在工程合同价款中的一笔款项。用于施工合同签订时尚未确定或者不可预见的所需材料、工程设备、服务的采购，施工中可能发生的工程变更、合同约定调整因素出现时的工程价款调整以及发生的索赔、现场签证确认等的费用。

（2）计日工：在施工过程中，施工企业完成建设单位提出的施工图纸以外的零星项目或工作所需的费用。

（3）总承包服务费：总承包人为配合、协调建设单位进行的专业工程发包，对建设单位自行采购的材料、工程设备等进行保管以及施工现场管理、竣工资料汇总整理等服务所需的费用。

4）规费

规费是指按国家法律、法规规定，由省级政府和省级有关权力部门规定必须缴纳或计取的费用，包括：

（1）养老保险费：企业按照规定标准为职工缴纳的基本养老保险费。

（2）失业保险费：企业按照规定标准为职工缴纳的失业保险费。

（3）医疗保险费：企业按照规定标准为职工缴纳的基本医疗保险费。

（4）生育保险费：企业按照规定标准为职工缴纳的生育保险费。

（5）工伤保险费：企业按照规定标准为职工缴纳的工伤保险费。

（6）住房公积金：企业按照规定标准为职工缴纳的住房公积金。

（7）工程排污费：企业按照规定缴纳的施工现场工程排污费。

（8）其他应列而未列入的规费，按实际发生计取。

5）税金

税金是指国家税法规定的应计入建筑安装工程造价内的增值税、城市维护建设税、教育费附加以及地方教育附加。

1.2.4　园林工程各项费用的计算方法及计算示例

目前，采用的计价依据是《园林绿化工程工程量计算规范》(GB 50858—2013)和各地《园林工程消耗量定额》或《园林工程计价标准》，故施工图预算常采用清单计价法。

1. 清单计价法概述

1）含义

清单计价是指在建设工程招标投标中，招标人按照现行国家标准《建设工程工程量清单计价规范》(GB 50500—2013)列项、算量并编制"招标工程量清单"，由投标人依据"招标工程量清单"自主报价的一种计价方式。

清单计价与定额计价并无本质上的不同，其计价方式是指根据招标文件提供的招标工程量清单，依据《企业定额》或建设行政主管部门发布的《计价标准》，结合施工现场拟定的施工方案，参照建设行政主管部门发布的人工工日单价、机械台班单价、材料和设备价格信息及同期市场价格，计算出对应于招标工程量清单每一分项工程的综合单价，进而计算分部分项工程费、措施项目费以及其他项目费、规费、税金，最后汇总来确定建筑安装工程造价。

2）工程量清单计价的费用组成

按照某地最新的计价标准，工程量清单计价的费用组成见表1.1。

表1.1　工程量清单计价的费用组成

费用项目		费用组成内容
分部分项工程费	人工费	定额人工费、规费（养老保险费+医疗保险费+住房公积金）
	材料费	
	机械费	
	管理费	
	利　润	
	风险费	
措施项目费	人工费（定额人工费+规费）	（1）技术措施项目费：大型机械设备进退场和安拆费、大型机械设备基础费、脚手架工程费、模板工程费、垂直运输费、超高增加费、排水降水费等。 （2）组织措施项目费：绿色施工安全文明措施费（含环境保护费、文明施工费、安全施工费、临时设施费、绿色施工措施费）；冬雨季施工增加费；工程定位复测、工程点交、场地清理费；压缩工期增加费；夜间施工增加费；行车、行人干扰增加费；已完工程及设备保护费；特殊地区施工增加费；其他费
	材料费	
	机械费	
	管理费	
	利润	
其他项目费		暂列金、暂估价（含专业暂估价、专项技术措施暂估价）、计日工、施工总承包服务费、优质工程增加费、索赔与现场签证费、提前竣工增加费、人工费调整、机械燃料动力费价差
其他规费		工伤保险费、工程排污费、环境保护税
税　金		增值税、城市建设维护税、教育费附加、地方教育附加

3）编制依据

（1）现行国家标准《建设工程工程量清单计价规范》(GB 50500—2013)和相应专业工程的国家计量规范。

（2）国家或省级、行业建设行政主管部门颁发的消耗量定额和计价办法。

（3）建设工程设计文件及相关资料。

（4）拟定的招标文件及招标工程量清单。

（5）与建设项目有关的标准、规范、技术资料。

（6）施工现场情况、工程特点及常规施工方案。

（7）工程造价管理机构发布的工程造价信息，当没有发布工程造价信息时，参照市场价。

（8）其他相关资料。

4）编制步骤

（1）准备阶段。

① 熟悉施工图纸和招标文件。

② 参加图纸会审、踏勘施工现场。

③ 熟悉施工组织设计或施工方案。

④ 确定计价依据。

（2）编制试算阶段。

① 针对招标工程量清单，依据《企业定额》，或者参照建设行政主管部门发布的《计价标准》、《工程造价计价规则》、价格信息，计算招标工程量清单的综合单价，从而计算出分部分项工程费。

② 参照建设行政主管部门发布的《措施费计价办法》、《工程造价计价规则》，计算措施项目费、其他项目费。

③ 参照建设行政主管部门发布的《工程造价计价规则》计算规费及税金。

④ 按照规定的程序计算单位工程造价、单项工程造价、工程项目总价。

⑤ 填写编制说明和封面。

（3）复算收尾阶段。

① 复核。

② 装订成册，签名盖章。

2. 园林工程各项费用计算方法

1）分部分项工程费计算

分部分项工程费计算公式为

$$分部分项工程费 = \sum (分部分项清单工程量 \times 综合单价) \tag{1.2}$$

式中：分部分项清单工程量应根据国家标准《园林绿化工程工程量计算规范》(GB 50858—2013)中的"工程计量规则"和施工图、各类标配图计算（具体计算详见以后各章）。

综合单价，是指完成一个规定清单项目所需的人工费、材料和工程设备费、机械使用费和管理费、利润的单价。综合单价计算公式为

$$综合单价 = \frac{清单项目费用(含人、材、机、管、利)}{清单工程量} \quad (1.3)$$

（1）人工费、材料费、机械使用费的计算，见表1.2。

表1.2 人工费、材料费、机械使用费的计算

费用名称		计 算 方 法
人工费	或	人工费＝分部分项工程量×人工消耗量×人工工日单价
		人工费＝分部分项工程量×人工费单价
	其中	人工费＝分部分项工程量×定额人工费单价＋分部分项工程量×规费单价
		人工费单价＝定额人工费单价＋规费单价＝定额人工费单价×(1+20%)
材料费	或	材料费＝分部分项工程量×∑（材料消耗量×材料单价）
		材料费＝分部分项工程量×材料费单价
机械使用费	或	机械使用费＝分部分项工程量×∑（机械台班消耗量×机械台班单价）
		机械使用费＝分部分项工程量×机械费单价

注：表中的分部分项工程量是指按定额计算规则计算出的"定额工程量"。

（2）管理费的计算。

① 计算表达式为

$$管理费 = (定额人工费 + 机械费 \times 8\%) \times 管理费费率 \quad (1.4)$$

定额人工费是指在《计价标准》中规定的人工费，是以人工消耗量乘以当地某一时期的人工工资单价得到的计价人工费，它是管理费、利润、社保费及住房公积金的计费基础。当出现人工工资单价调整时，价差部分可进入其他项目费。

机械费是指在《计价标准》中规定的机械费，是以机械台班消耗量乘以当地某一时期的人工工资单价、燃料动力单价得到的计价机械费，它是管理费、利润的计费基础。当机械费中的人工工资单价、燃料动力单价调整时，价差部分可进入其他项目费。

② 管理费费率见表1.3。

表1.3 管理费费率

专 业		计费基础	管理费率/%
建筑工程			22.78
通用安装工程			17.84
市政工程	建筑工程		25.81
	安装工程		20.46
园林绿化工程			25.08
装配式建筑工程	建筑工程	定额人工费+机械费×8%	19.20
	安装工程		17.67
城市地下综合管廊工程	建筑工程		23.87
	安装工程		18.25
绿色建筑工程	建筑工程		19.25
	安装工程		17.84
独立土石方工程			20.60

（3）利润的计算。

① 计算表达式：

$$利润 = (定额人工费 + 机械费 \times 8\%) \times 利润率 \tag{1.5}$$

② 利润率见表1.4。

表1.4 利润率

专　业		计费基础	利润率/%
建筑工程		定额人工费＋机械费×8%	13.81
通用安装工程			11.90
市政工程	建筑工程		13.83
	安装工程		10.96
园林绿化工程			13.43
装配式建筑工程	建筑工程		12.19
	安装工程		12.31
城市地下综合管廊工程	建筑工程		13.39
	安装工程		8.72
绿色建筑工程	建筑工程		12.92
	安装工程		11.90
独立土石方工程			12.36

2）措施项目费计算

（1）组织措施项目费，是指不能计算工程量的项目，如安全文明施工费、夜间施工增加费、其他措施费等，应当按照施工方案或施工组织设计，参照有关规定以"项"为单位进行综合计价，计算方法见表1.5。

表1.5 总价措施项目费计算参考费率

项目名称	适用条件	计算方法
园林绿化工程安全文明施工费	（1）环境保护费	（定额人工费＋机械费×8%）×9.04%
	（2）安全施工费	
	（3）文明施工费	
	（4）临时设施费	（定额人工费＋机械费×8%）×2.15%
	以上四项合计	（定额人工费＋机械费×8%）×11.19%
园林绿化工程其他措施费	冬、雨季施工增加费，生产工具用具使用费，工程定位复测、工程点交、场地清理费	（定额人工费＋机械费×8%）×5.26%
夜间施工增加费	夜间施工增加费	（定额人工费＋机械费×8%）×0.2%
特殊地区施工增加费	2 000 m＜海拔≤2 500 m地区	（定额人工费＋机械费×8%）×3%
	2 500 m＜海拔≤3 000 m地区	（定额人工费＋机械费×8%）×8%
	3 000 m＜海拔≤3 500 m地区	（定额人工费＋机械费×8%）×15%
	海拔＞3 500 m地区	（定额人工费＋机械费×8%）×20%

（2）技术措施项目费，是指可以计算工程量的项目，如混凝土模板、脚手架、垂直运输、大型机械设备进退场和安拆、施工排降水等，可按计算综合单价的方法计算，计算公式为

$$单价措施项目费 = \sum(单价措施项目清单工程量 \times 综合单价) \tag{1.6}$$

$$综合单价 = \frac{清单项目费用(含人、材、机、管、利)}{清单工程量} \tag{1.7}$$

其中　　人工费＝措施项目定额工程量×定额人工费单价＋
　　　　　　措施项目定额工程量×规费单价　　　　　　　　　　　　（1.8）

$$材料费 = 措施项目定额工程量 \times \sum(材料消耗量 \times 材料单价) \tag{1.9}$$

$$机械费 = 措施项目定额工程量 \times \sum(机械台班消耗量 \times 机械台班单价) \tag{1.10}$$

　　　　　管理费＝(定额人工费＋机械费×8%)×管理费费率　　　　（1.11）
　　　　　利润＝(定额人工费＋机械费×8%)×利润率　　　　　　　（1.12）

管理费费率见表1.3，利润率见表1.4。

3）其他项目费计算

（1）暂列金可由招标人按工程造价的一定比例估算，投标人按招标工程量清单中所列的金额计入报价中。在工程实施中，暂列金由发包人掌握使用，余额归发包人所有，差额由发包人支付。

（2）暂估价中的材料、工程设备暂估单价应按招标工程量清单中列出的单价计入综合单价；暂估价中的专业工程暂估价应按招标工程量清单中列出的金额直接计入投标报价的其他项目费中。

（3）计日工应按招标工程量清单中列出的项目根据工程特点和有关计价依据确定综合单价，其管理费和利润按其专业工程费率计算。

（4）总承包服务费应根据合同约定的总承包服务内容和范围，参照下列标准计算：

① 发包人仅要求对其分包的专业工程进行总承包现场管理和协调时，按分包的专业工程造价的1%~2%计算。

② 发包人要求对其分包的专业工程进行总承包管理和协调并同时要求提供配合服务时，根据配合服务的内容和提出的要求，按分包的专业工程造价的2%~4%计算。

③ 甲供材料保管费，按甲方供应材料价值的0.5%~1%计算。

④ 甲供设备保管费，按甲方供应设备价值的0.2%~0.5%计算。

（5）其他：

① 人工费调差按当地省级建设行政主管部门发布的人工费调差文件计算。

② 机械费调差按当地省级建设行政主管部门发布的机械费调差文件计算。

③ 风险费依据招标文件计算。

④ 因设计变更或由于建设单位的责任造成的停工、窝工损失，可参照下列办法计算费用：

a. 现场施工机械停滞费按定额机械台班单价的40%计算，施工机械停滞费不再计算除税金以外的费用。

b. 生产工人停工、窝工工资按 38 元/工日计算,管理费按停工、窝工工资总额的 20%计算,停工、窝工工资不再计算除税金以外的费用。

⑤ 承、发包双方协商认定的有关费用按实际发生计算。

4）规费计算

规费计算方法见表 1.6。

$$规费 = 定额人工费 \times 费率 \tag{1.13}$$

表 1.6 规费计算方法

规费类别		计算基础	费率/%	备注
规费	社会保险费　养老保险费	定额人工费	9.01	计入人工费内
	医疗保险费		6.39	
	住房公积金		4.60	
	规费小计		20.00	
其他规费	工伤保险（单独列计）	定额人工费	0.50	计入税前费用
	工程排污费	按有关部门规定计算		
	环境保护税	按有关部门规定计算		

注：规费作为不可竞争费用，应按规定费率计取。

5）税金计算

税金计算公式为

$$税金 = 税前工程造价 \times 综合计税系数 \tag{1.14}$$

综合税率取定见表 1.7。

表 1.7 综合税率取定

税目		计税基础	工程在市区/%	工程在县城、镇/%	不在市区及县城、镇/%
增值税	一般计税方法	税前工程造价	9		
附加税	城市维护建设税	增值税税额	7	5	1
	教育费附加		3	3	3
	地方教育附加		2	2	2
综合计税系数			10.08	9.90	9.54

【例 1.1】 某工程招标工程量清单见表 1.8，试根据当地建设行政主管部门发布的《计价标准》和《计价规则》，以及当地的人工、材料、机械单价，编制"栽植带土球灌木"两个清单

分项的综合单价，并计算分部分项工程费。

表 1.8　分部分项工程量清单

序号	项目编码	项目名称	项目特征	计量单位	工程数量
1	050102004001	栽植灌木	1. 灌木种类： 2. 冠径：20 cm 3. 养护期：	株	500
2	050102004002	栽植灌木	1. 灌木种类： 2. 冠径：30 cm 3. 养护期：	株	500

注：表中工程量仅为分项工程实体的清单工程量。由于两个项目的清单规则与定额规则相同，所以既是清单量也是定额量。

【解】（1）选择计价依据。

查某地新版的《园林绿化工程计价标准》相关子目，定额消耗量及单位估价见表 1.9。

表 1.9　相关子目定额消耗量及单位估价　　　　　计量单位：10 株

定额编号				4-1-393	4-1-394	4-1-395
项　目				栽植单株带土球灌木		
				冠径/cm		
				≤20	≤40	≤60
基价/元				4.98	13.32	36.60
其中		人工费/元		4.39	12.43	35.11
	其中	定额人工费/元		3.66	10.36	29.26
		规费/元		0.73	2.07	5.85
	材料费/元			0.59	0.89	1.49
	机械费/元			—	—	—
	名称	单位	单价/元	数量		
人工	综合工日 09	工日	146.28	0.030	0.085	0.240
材料	灌木	株	—	（10.100）	（10.100）	（10.100）
	水	m³	5.94	0.100	0.150	0.250

注：表中消耗量带有"( )"的为未计价材料，套价时须根据当地的材料价格信息进行组价。

（2）选择费率。

查表 1.3 和表 1.4，园林绿化工程的管理费费率取 25.08%，利润率取 13.43%。

（3）综合单价计算。

综合单价计算在表 1.10 中完成。假如通过询价得知当地未计价材料价格为：冠径 20 cm 灌木 21 元/株，冠径 30 cm +灌木 24 元/株。

表 1.10 分部分项工程量清单综合单位分析表

序号	项目编码	项目名称	计量单位	定额编号	定额名称	定额单位	数量	清单综合单价组成明细											综合单价/元
								单价/元						合价/元					
								人工费		材料费	机械费	人工费		材料费	机械费	管理费	利润	风险费	
								定额人工费	规费			定额人工费	规费						
1	050102004001	栽植灌木	株	4-1-393	栽植单株灌木带土球冠径20 cm	10株	0.1000	3.66	0.73	212.69		0.37	0.07	21.27		0.09	0.05		21.85
					小计							0.37	0.07	21.27		0.09	0.05		
2	050102004002	栽植灌木	株	4-1-394	栽植单株灌木带土球冠径30 cm	10株	0.1000	10.36	2.07	243.29		1.04	0.21	24.33		0.26	0.14		25.97
					小计							1.04	0.21	24.33		0.26	0.14		

4-1-393 的材料费单价：0.59+21×10.1=212.69 元/株

4-1-394 的材料费单价：0.89+10.1×24=243.29 元/株

表 1.8 中综合单价组成明细中的数量是相对量，计算公式为

$$数量=(定额量/定额单位扩大倍数)/清单量 \quad (1.15)$$

（4）分部分项工程费计算。

具体计算见表1.11。

表 1.11 分部分项工程量清单计价

序号	项目编码	项目名称	计量单位	工程量	金额/元				
					综合单价	合价	其中		
							人工费	机械费	暂估价
1	050102004001	栽植灌木	株	500	21.85	10 925	220		
2	050102004002	栽植灌木	株	500	25.97	12 985	625		
合　　计						23 910	845		

【例 1.2】 市区某园林绿化工程根据招标文件及分部分项工程量清单，以及当地新版的《园林绿化工程计价标准》、《建设工程造价计价规则》中人工、材料、机械台班的单价计算出以下数据：分部分项工程的人工费 171 000 元（其中定额人工费 142 500 元、规费 28 500 元），材料费 369 200 元，机械费 128 000 元，技术措施项目的人工费 3 000 元（其中定额人工费 2 500 元、规费 500 元），材料费 5 692 元，机械费 2 480 元，招标文件规定暂列金额应计 3 000 元，专业工程暂估价 5 000 元，工程排污费 1 700 元。试根据上述条件计算完成该园林绿化工程的全部费用并确定招标控制价。

【解】 该园林绿化工程的全部费用及招标控制价计算过程见表 1.12。

表 1.12 单位工程费汇总

序号	汇总内容	金额/元	计算方法
1	分部分项工程费	727 020.17	<1.1>+<1.2>+<1.3>+<1.4>
1.1	人工费	171 000	1.1.1+1.1.2
1.1.1	定额人工费	142 500	题给
1.1.2	规费	28 500	题给
1.2	材料费	369 200	题给
1.3	机械费	128 000	题给
1.4	管理费和利润	58 820.17	（<1.1.1>+<1.3>×8%）×（25.08%+13.43%）
2	措施项目费	18 249.18	<2.1>+<2.2>
2.1	技术措施项目费	12 211.15	<2.1.1>+<2.1.2>+<2.1.3>+<2.1.4>
2.1.1	人工费	3 000	题给
2.1.1.1	定额人工费	2 500	题给

续表

序号	汇总内容	金额/元	计算方法
2.1.1.2	规费	500	题给
2.1.2	材料费	5 692	题给
2.1.3	机械费	2 480	题给
2.1.4	管理费和利润	1 039.15	（<2.1.1.1>+<2.1.3>×8%）×（25.08%+13.43%）
2.2	组织措施项目费	25 569.62	<2.2.1>+<2.2.2>
2.2.1	安全文明施工费	17 393.56	[(<1.1.1>+<2.1.1.1>)+(<1.3>+<2.1.3>×8%)]×11.19%
2.2.2	其他总价措施项目费	8 176.06	[(<1.1.1>+<2.1.1.1>)+(<1.3>+<2.1.3>×8%)]×5.26%
3	其他项目费	8 000.00	<3.1>+<3.2>+<3.3>+<3.4>+<3.5>
3.1	暂列金额	3 000.00	题给
3.2	专业工程暂估价	5 000.00	题给
3.3	计日工	—	—
3.4	总承包服务费	—	—
3.5	其他	—	—
4	规费	2 427.5	<4.1>+<4.2>+<4.3>
4.1	工伤保险	727.5	（<1.1.1>+<2.1.1.1>）×0.5%
4.2	工程排污费	1 700	题给
4.3	环境保护税	0.00	
5	税前工程造价	755 696.85	<1>+<2>+<3>+<4>
6	税金	76 174.24	<5>×10.08%
7	单位工程造价	831 871.09	<5>+<6>

1.3 课程教学内容及学习方法

1.3.1 本教材教学内容

本教材定名为"园林绿化工程计量与计价"，其课程教学内容与国家标准《园林绿化工程工程量计算规范》（GB 50858—2013）内容一致。作为工程造价系列教材，本书介绍的是在学生了解园林工程施工基本流程、识读园林施工图纸的基础上，运用清单计价方法进行园林工程施工图预算。教材中相关技术内容和符号等均使用国家及地方最新标准，适用于工程造价、园林工程等专业开设的"园林绿化工程计价"或"园林绿化工程预算"等课程。重点培养学生在工程招投标阶段编制园林绿化工程"招标工程量清单""招标控制价"和"投标报价"等工程造价文件的能力。

工程造价专业培养工程建设领域从事工程造价全过程确定与控制的复合型高级技术人才，涉及建设工程行业的各个专业，包括园林绿化工程、市政工程、电气工程、轨道交通工程等。园林绿化工程造价是建设工程造价的组成部分，它涉及园林工程学科知识，工程识图、项目管理、法律法规等相关知识。"园林工程计量与计价"是学生在学习了"工程计价基础""园林工程识图与施工"等课程以后必须掌握的基本技能课程。本教材从园林工程内容的角度划分章节，分为园林土方工程、园路及园桥工程、园林水景工程、园林景观工程、绿化种植工程、园林假山工程、园林工程措施项目等7个部分。

1.3.2 学习方法

"园林绿化工程计量与计价"课程的学习方法要从园林绿化工程和园林绿化工程计量计价两方面进行把握。

1. 园林绿化工程方面

园林绿化工程内容主要包括四个部分：熟悉园林绿化工程的基本概念和理论，了解园林绿化工程的设计内容，了解园林绿化工程施工的基本流程、施工方法和技艺，理解设计意图、识读园林绿化施工图纸。

1）功能分类

根据施工流程，将园林工程划分为园林土方工程、园路及园桥工程、园林水景工程、园林景观工程、绿化种植工程、园林假山工程等六部分。园林绿化所涉及的各项工程内容都是园林景观的组成部分，有组织交通、构成景观、组织空间、引导游览等功能；对各种工程类别，可根据不同的分类标准进行进一步划分。

学习要点包括：景观形态、景观功能、景观分类。

2）设计内容

园林设计是园林工程建设的重要组成部分。在各类工程中，由于造景及生活、生产活动的需要，必须进行园林设计，建造一系列的园林设施，构成景观系统。

学习要点主要包括：设计的原则和基本要求；设计的基本内容，包括景观布局、结构设计和外形设计。

3）施工流程

理想中的园林工程必然要依靠工程施工来实现，任何道路、水景、假山、小品的建成，都是通过园林施工完成的。施工的工艺和质量，直接影响着园林景观的效果，所以施工和整个园林建设工程的关系密切并且占有重要地位。

学习要点包括：施工前的准备、施工放线与测量、基层施工、面层施工。

4）识图要点

工程的建设要经过设计与施工两个阶段。设计时需要把想象中的园林景观按照规定，将景观大小、结构、构造、装饰、设备等情况以施工图的方式进行表达，施工图就是指导园林工程施工的重要依据。要理解设计意图、进行工程建设及预算，就必须要进行施工图的识读。

学习要点包括：图纸作用及图示方法、图纸内容、图例符号。

2. 园林绿化工程计量计价方面

五步骤法适合于各项工程计价的每一过程，其中的每一步骤所涉及内容的不同，就会对应不同的计价方法。园林绿化工程计量计价是工程计量计价的组成部分，学习的最好方法就是五步骤法。五步骤法可概括为：读图→列项→算量→套价→计费。

1）读图

读图是工程计价的基本工作，只有看懂设计图纸和熟悉图纸后，才能对工程内容、结构特征、技术要求有清晰的概念，才能在计价时做到项目全、计量准、速度快。因此，在计价之前，应留一定时间，专门用来读图。阅读重点是：

（1）对照图纸目录，检查图纸是否齐全。

（2）采用的标准图集是否已经具备。

（3）设计说明或附注要仔细阅读，因为有些分张图纸中不再表示的项目或设计要求，往往在说明或附注中可以找到，稍不注意，就容易漏项。

（4）设计上有无特殊的施工质量要求，事先列出需要另编补充定额的项目。

（5）平面坐标和竖向布置标高的控制点。

（6）本工程与总图的关系。

2）列项

列项就是列出需要计量计价的分部分项工程项目。其要点是：

（1）工程量清单列项，要依据《园林绿化工程工程量计算规范》（GB 50858—2013）列出清单分项，才可对每一清单分项计算清单工程量，按规定格式（包含项目编码、项目名称、项目特征、计量单位、工程数量）编制成"工程量清单"文件。

（2）综合单价的组价列项，要依据《园林绿化工程工程量计算规范》（GB 50858—2013）每一分项的特征要求和工作内容，从《预算定额》中找出与施工过程匹配的定额项目，对每一定额项目进行计量计价，才能产生每一清单分项的综合单价。

（3）定额计价列项，要依据《预算定额》列出定额分项，才可对每一定额分项计算定额工程量并套价。

3）算量

算量就是对工程量的计量。清单工程量必须依据《园林绿化工程工程量计算规范》（GB 50858—2013）规定的计算规则进行正确计算；定额工程量必须依据《预算定额》规定的计算规则进行正确计算。计价的基础是定额工程量，施工费用因定额工程量而产生，不同的施工方式会使定额工程量有差异。清单工程量是唯一的，由业主方在"招标工程量清单"中提供，它反映分项工程的实物量，是工程发包和工程结算的基础。施工费用除以清单工程量可得出每一清单分项的综合单价。

4）套价

套价就是套用工程单价。在市场经济条件下，按照"价变量不变"的原则，基于《预算定额》或者《企业定额》的消耗量，采用人材机的市场价格，一切工程单价都是可以重组的。定额计价法套用人材机单价可计算出直接工程费；清单计价法套用综合单价可计算出分部分项工程费或单价措施费。直接工程费或分部分项工程费是计算其他费用的基础。

5）计费

计费就是计算除分部分项工程费以外的其他费用。定额计价法在直接工程费以外还要计算措施项目费、其他项目费、管理费、利润、规费及税金；清单计价法在分部分项工程费以外还要计算措施项目费、其他项目费、规费及税金，这些费用的总和就是单位工程总造价。

本章习题

1. 我国现行建筑安装工程费用由哪些费用构成？
2. 分部分项工程费由哪些费用构成？
3. 措施项目费由哪些费用构成？
4. 规费由哪些费用构成？
5. 税金由哪些费用构成？
6. 什么是清单计价方法？
7. 综合单价的含义是什么？如何计算？
8. 县城某园林绿化工程采用工程量清单招标。某造价咨询公司计算出分部分项工程人工费为95.04万元（其中定额人工费79.2万元，规费15.84万元），材料费为365.46万元，机械费为63.36万元；技术措施项目费为30.37万元（其中人工费占25%，材料费占45%，机械费占30%）；工程排污费3万元；招标文件明确暂列金额为10万元；应另计安全文明施工费、其他措施费。试根据上述条件计算该园林绿化工程的招标控制价。

第 2 章

园林土方工程

教学要求：
- 熟悉园林土方工程清单分项的划分标准；
- 掌握园林土方工程的工程量计算规则；
- 掌握园林土方工程的综合单价计算方法。

本章主要讨论园林土方工程的项目划分、工程量计算和综合单价计算问题。

2.1 项目划分

2.1.1 清单项目划分

园林土方工程工作范围很广，或凿水筑山，或场地平整，或挖沟埋管，或开槽铺路等。园林土方工程是解决园林中各个景点、各种设施及地貌等在高程上如何创造高低变化和协调统一的重要手段，如坡、谷、峰、峦等地貌的设置，以及它们的位置、形态、大小、高程以及比例关系等。通过学习，学生应能够根据地形地貌、土壤类型、施工条件等因素，合理确定土方量，为工程计价提供准确的依据。

本章主要讨论土方工程的项目划分、工程量计算和综合单价计算问题，主要包括绿化用地中的土方工程以及园林建筑、景观工程中的土方工程。

在园林绿化工程计量计价中，景观地形或挖湖堆山，或起坡成谷，可营造唯美、开阔的绿地景观。根据土方开挖的具体情况，绿化用地中的土方工程分为以下几种情况：

（1）挖填±30cm 以内的土方工程，按园林工程计量规范绿化工程中的绿地整理项目——整理绿化用地编码列项。

（2）绿化场地内坡顶与坡底高差大于 1.0m 及 25%<坡度≤30%的地形塑造工程，按园林工程计量规范绿化工程中的绿地整理项目——绿地起坡造型编码列项。

（3）绿化场地内坡顶与坡底高差大于 1.0m，且坡度>30%的地形塑造工程，按园林工程计量规范景观工程中的堆塑假山项目——堆筑土山丘编码列项。

（4）绿化场地内坡顶与坡底高差大于 1.0m，绿化场地内坡度≤25%的地形塑造工程，按市政工程计量规范土石方工程中的土方工程项目——挖一般土方编码列项。

（5）超过 30cm 不足 1m 的土方，按建筑工程计量规范土石方工程中的回填项目——回填方或者按园林工程计量规范绿化工程中的绿地整理项目——种植土回填编码列项，具体采用的项目根据工程图纸是否需要回填种植土判断。

而园林建筑、景观工程中的土方工程，应按房屋建筑与装饰工程计量规范相应项目编码列项。

1. 绿化用地中的土方工程

具体分项见表 2.1、表 2.2、表 2.3。

表 2.1 绿地整理（编码：050101）

项目编码	项目名称	项目特征	计量单位	工程量计算规则	工程内容
050101009	种植土回（换）填	1. 回填土质要求 2. 取土运距 3. 回填厚度 4. 弃土运距	1.m² 2.株	1. 以立方米计算，按设计图示回填面积乘以回填厚度，以体积计算 2. 以株计量，按设计图示数量计算	1. 土方挖、运 2. 回填 3. 找平、找坡 4. 废弃物运输
050101010	整理绿化用地	1. 回填土质要求 2. 取土运距 3. 回填厚度 4. 找平找坡要求 5. 弃渣运距	m²	按设计图示尺寸以面积计算	1. 排地表水 2. 土方挖、运 3. 耙细、过筛 4. 回填 5. 找平、找坡 6. 拍实 7. 废弃物运输
050101011	绿地起坡造型	1. 回填土质要求 2. 取土运距 3. 起坡平均高度	m³	按设计图示尺寸以体积计算	1. 排地表水 2. 土方挖、运 3. 耙细、过筛 4. 回填 5. 找平、找坡 6. 废弃物运输

表 2.2 堆塑假山（编码：050301）

项目编码	项目名称	项目特征	计量单位	工程量计算规则	工程内容
050301001	堆筑土山丘	1. 土丘高度 2. 土丘坡度要求 3. 土丘底外接矩形面积	m³	按设计图示山丘水平投影外接矩形面积乘以高度的1/3，以体积计算	1. 取土、运土 2. 堆砌、夯实 3. 修整

表 2.3 土方工程（编码：040101）

项目编码	项目名称	项目特征	计量单位	工程量计算规则	工程内容
040101001	挖一般土方	1. 土壤类别 2. 挖土深度 3. 弃土运距	m³	按设计图示尺寸以体积计算	1. 排地表水 2. 土方开挖 3. 围护（挡土板）、支撑 4. 基底钎探 5. 场内、外运输

2. 园林建筑、景观工程中的土方工程

具体分项见表 2.4、表 2.5。

表 2.4 土方工程（编码：010101）

项目编码	项目名称	项目特征	计量单位	工程量计算规则	工程内容
010101001	平整场地	1. 土壤类别 2. 弃土运距 3. 取土运距	m²	按设计图示尺寸以建筑物首层建筑面积计算	1. 土方挖填 2. 场地找平 3. 运输
010101002	挖一般土方	1. 土壤类别 2. 挖土深度	m³	按设计图示尺寸以体积计算 1. 房屋建筑按设计图示尺寸以基础垫层底面积乘以挖土深度计算 2. 构筑物按最大水平投影面积乘以挖土深度（原地面平均标高至坑底高度），以体积计算	1. 排地表水 2. 土方开挖 3. 围护（挡土板）、支撑 4. 基底钎探 5. 运输
010101003	挖沟槽土方				
010101004	挖基坑土方				
010101005	冻土开挖	1. 冻土厚度	m³	按设计图示尺寸开挖面积乘以厚度，以体积计算	1. 爆破 2. 开挖 3. 清理 4. 运输
010101006	挖淤泥、流砂	1. 挖掘深度 2. 弃淤泥、流砂距离		按设计图示位置、界限以体积计算	1. 开挖 2. 运输
010101007	管沟土方	1. 土壤类别 2. 管外径 3. 挖沟深度 4. 回填要求	1. m 2. m³	1. 以米计量，按设计图示以管道中心线长度计算 2. 以立方米计量，按设计图示管底垫层底面积乘以挖土深度计算；无管底垫层按管外径的水平投影面积乘以挖土深度计算	1. 排地表水 2. 土方开挖 3. 围护（挡土板）、支撑 4. 运输 5. 回填

表 2.5 回填（编码：010103）

项目编码	项目名称	项目特征	计量单位	工程量计算规则	工程内容
010103001	回填方	1. 密实度要求 2. 填方材料品种 3. 填方粒径要求 4. 填方来源、运距	m³	按设计图示尺寸以体积计算。 1. 场地回填：回填面积乘平均回填厚度 2. 室内回填：主墙间面积乘回填厚度，不扣除间隔墙 3. 基础回填：挖方体积减去自然地坪以下埋设的基础体积(包括基础垫层及其他构筑物)	1. 运输 2. 回填 3. 压实
010103002	余方弃置	1. 废弃料品种 2. 运距		按挖方清单项目工程量减利用回填方体积(正数)计算	余方点装料运输至弃置点
010103003	缺方内运	1. 填方材料品种 2. 运距		按挖方清单项目工程量减利用回填方体积(负数)计算	取料点装料运输至缺方点

3. 清单列项的相关说明

（1）挖土应按自然地面测量标高至设计地坪标高的平均厚度确定。竖向土方、山坡切土开挖深度应按基础垫层底表面标高至交付施工场地标高确定；无交付施工场地标高时，应按自然地面标高确定。

（2）建筑物场地厚度≤±300 mm 的挖、填、运、找平，应按表2.4中平整场地项目编码列项。厚度>±300 mm 的竖向布置挖土或山坡切土应按表2.4中挖一般土方项目编码列项。

（3）沟槽、基坑一般土方的划分为：底宽≤7 m，底长>3倍底宽为沟槽；底长≤3倍底宽，底面积≤150 m² 为基坑；超出上述范围则为一般土方。

（4）挖土方如需截桩头时，应按桩基工程相关项目编码列项。

（5）弃、取土运距可以不描述，但应注明由投标人根据施工现场实际情况自行考虑，决定报价。

（6）土壤的分类应按表2.6确定，如土壤类别不能准确划分时，招标人可注明为综合，由投标人根据地勘报告决定报价。

（7）土方体积应按挖掘前的天然密实体积计算。如需按天然密实体积折算时，应按表2.7所列系数计算。

（8）挖沟槽、基坑、一般土方因工作面和放坡增加的工程量（管沟工作面增加的工程量），是否并入各土方工程量中，按各省、自治区、直辖市或行业建设行政主管部门的规定实施。如并入各土方工程量中，办理工程结算时，应按经发包人认可的施工组织设计规定计算，编制工程量清单时，可按表2.8、表2.9的规定计算。

（9）挖方出现流砂、淤泥时，应根据实际情况由发包人与承包人双方现场签证确认工程量。

（10）管沟土方项目适用于管道（给排水、工业、电力、通信）、光（电）缆沟（包括人孔桩、接口坑）及连接井（检查井）等。

（11）填方密实度要求，在无特殊要求情况下，项目特征可描述为满足设计和规范的要求。

（12）填方材料品种可以不描述，但应注明由投标人根据设计要求验方后方可填入，并符合相关工程的质量规范要求。

（13）填方粒径要求，在无特殊要求情况下，项目特征可以不描述。

2.1.2 定额项目划分

1. 绿化用地中的土方工程

具体分项见表2.6。

表 2.6 绿化用地土方定额项目分类

类别	按工作内容分	包括的主要项目
园林土方工程	整理绿化用地	整理绿化种植地
	绿地起坡造型	人工堆置造型
		机械堆置造型
	堆筑土山丘	人工堆土山丘
		机械堆土山丘
	挖一般土方	人工挖一般土方
		履带式单斗液压挖掘机挖土方
	回填方	人工填土夯实
		机械填土夯实
	种植土回填	人工回填种植土
		机械回填种植土

2. 园林建筑、景观工程中的土方工程

具体分项见表 2.7。

表 2.7 景观用地土方定额项目分类

类别	按工作内容分	包括的主要项目
园林土方工程	人工土方	人工挖一般土方、沟槽、基坑土方、淤泥、流砂
		人工装车
		人工运土方、淤泥、流砂
		人力车运土方、淤泥、流砂
园林土方工程	机械土方	推土机推运土方
		铲运机铲运土
		履带式单斗液压挖掘机挖土方、淤泥、流砂
		抓铲挖掘机挖淤泥、流砂
		长臂挖机挖土方、淤泥、流砂
		大型支撑基坑挖土方
		小型挖机挖土方、淤泥、流砂
		机械装土
		机动翻斗车、自卸汽车、装载机运土
		泥浆罐车运淤泥、流砂
		挖掘机转堆土方
园林土方工程	场地平整、回填及其他	人工场地平整
		人工松填土
		人工填土夯实
		人工原土夯实
		机械场地平整
		机械原土碾压
		机械原土夯实
		机械填土碾压
		机械填土夯实

2.2 工程量计算规则

2.2.1 清单规则

清单计量规则详见表 2.1~表 2.5 中的相关规定。

2.2.2 定额规则

1. 绿化用地中的土方工程

（1）整理绿化种植用地按设计图示尺寸以面积计算。
（2）绿化地起坡造型按设计图示尺寸以体积计算。
（3）堆砌土山丘按设计图示土山的水平投影外接矩形面积乘以高度的 1/3，以体积计算。
（4）回填种植土按设计图示尺寸以体积计算。

2. 园林建筑、景观工程中的土方工程

（1）土方的挖、装、推、铲、转堆及运输均按开挖前的天然密实体积计算。土方回填，按回填后的竣工体积计算。不同状态的土方体积按表 2.8 换算。

表 2.8 土方体积换算系数

名称	虚方	松填	天然密实	夯填
土方	1.00	0.83	0.77	0.67
	1.20	1.00	0.92	0.80
	1.30	1.08	1.00	0.87
	1.50	1.25	1.15	1.00

（2）基础土石方的开挖深度，按设计室外地坪至基础（含垫层）底标高计算。如交付施工场地标高与设计室外地坪不同时，按交付施工场地标高计算。
（3）土方工程量按图纸尺寸计算。修建机械上下坡便道的土方量以及为保证路基边缘的压实度而设计的加宽填筑土方量并入土方工程量内。
（4）基础施工的工作面宽度，按设计要求计算；设计或规范无要求的，按经批准的施工组织设计或施工方案计算；施工组织设计或施工方案无规定时，按下列规定计算：
① 当组成基础的材料不同或施工方式不同时，基础施工的工作面宽度按表 2.9 计算。

表 2.9 基础施工单边工作面宽度计算

基础材料	每边增加工作面宽度/mm
砖基础	200
毛石、方整石基础	250
混凝土基础（支模板）	400
混凝土基础垫层（支模板）	150
基础垂直面做砂浆防潮层	400（自防潮层面）
基础垂直面做防水层或防腐层	1 000（自防水层或防腐层面）
支挡土板	100（另加）

② 基础施工需要搭设脚手架时，基础施工的工作面宽度，条形基础按 1.50 m 计算（只计算一面）；独立基础按 0.45 m 计算（四面均计算）。
③ 基坑土方大开挖需做边坡支护时，基础施工的工作面宽度按 2.00 m 计算。
④ 基坑内施工各种桩时，基础施工的工作面宽度按 2.00 m 计算。
⑤ 管道施工的工作面宽度，按表 2.10 计算。

表 2.10 管道施工单面工作面宽度计算

管道材质	管道基础外沿宽度（无基础时管道外径）/mm			
	≤500	≤1 000	≤2 500	>2 500
混凝土管、水泥管	400	500	600	700
其他管道	300	400	500	600

⑥ 计算工作面宽度时，出现上述两种及两种以上宽度的，按最大值计算。

（5）基础土方放坡。
① 土方放坡的起点深度和放坡系数，按设计要求计算，设计或规范无要求时，按施工组织设计计算；施工组织设计无规定时，按表 2.11 计算。

表 2.11 土方放坡起点深度和放坡系数

土壤类别	起点深度	放坡系数			
		人工挖土	机械挖土		
			基坑内作业	基坑上作业	沟槽上作业
一、二类土	1.20	1∶0.50	1∶0.33	1∶0.75	1∶0.50
三类土	1.50	1∶0.33	1∶0.25	1∶0.67	1∶0.33
四类土	2.00	1∶0.25	1∶0.10	1∶0.33	1∶0.25

② 基础土方放坡，自基础（含垫层）底标高算起。
③ 混合土质的基础土方，其放坡的起点深度和放坡坡度，按不同土类厚度加权平均计算。
④ 计算基础土方放坡时，不扣除放坡交叉处的重复工程量。
⑤ 基础土方支挡土板时，不计算放坡。
（6）沟槽土石方，按设计图示沟槽长度乘以沟槽断面面积，以体积计算。
① 条形基础的沟槽长度，按设计规定计算；设计无规定时，按下列规定计算：
· 外墙沟槽，按外墙中心线长度计算；
· 内墙沟槽、框架间墙沟槽，按其条形基础（含垫层）之间垫层（或基础底）的净长度计算；
· 凸出墙面的墙垛，按墙垛凸出墙面的中心线长度，并入相应工程量内计算。
② 管道的沟槽长度，按设计规定计算；设计无规定时，以设计图示管道中心线长度（不扣除下口直径或边长≤1.5m 的井池）计算。下口直径或边长>1.5m 的井池的土石方，另按基坑的相应规定计算。

③ 沟槽的断面面积，应包括工作面宽度、放坡宽度或石方允许超挖量的面积。

④ 地下连续墙导墙成槽按设计场平标高至导墙底标高乘以设计挖土断面，以体积计算。

⑤ 同时开挖的坑槽群，若单个计算的工程量总和大于以坑槽群周边为界的大开挖土方工程量时，以坑槽群周边为界的大开挖土方工程量计算，执行坑槽开挖定额。

（7）基坑土石方，按设计图示基础（含垫层）尺寸，另加工作面宽度、土方放坡宽度或石方允许超挖量乘以开挖深度，以体积计算。

（8）一般土石方，按设计图示基础（含垫层）尺寸，另加工作面宽度、土方放坡宽度或石方允许超挖量乘以开挖深度，以体积计算。机械施工坡道的土石方工程量，并入相应工程量内计算。

（9）桩间挖土，系指桩外缘向外1.2m范围内、桩顶设计标高以上1.2m（不足时按实计算）至基础（含垫层）底的挖土；相邻桩外缘间距离≤4.00m时，其间（竖向同上）的挖土全部为桩间挖土。桩间挖土扣除桩体和空孔所占体积。

（10）挖、运淤泥流砂，按设计图示位置、界限以实际挖方体积计算，经晾晒后的运输工程量按签证计算。

（11）大型支撑基坑土方按第一道支撑下表面以图示体积计算。

（12）盖挖土方按设计结构外围断面面积乘以设计长度，以体积计算，其设计结构外围断面面积为结构衬墙外侧之间的宽度乘以设计顶板底至底板（或垫层）底的高度。

（13）挖掘机转堆土方按所转堆的自然密实方体积计算。

（14）回填及其他。

① 平整场地，按设计图示尺寸，以建筑物首层建筑面积计算。建筑物地下室结构外边线凸出首层结构外边线时，其凸出部分的建筑面积合并计算。

② 原土夯实与碾压，按设计规定的尺寸，以面积计算。

③ 回填按下列规定计算：

·沟槽、基坑回填，按挖方体积减去设计室外地坪以下建筑物、基础（含垫层）的体积计算；

·管道沟槽回填，按挖方体积减去管道基础和表2.12管道折合回填体积计算；

·房心（含地下室内）回填，按主墙间净面积（扣除单个底面积2m²以上的基础等）乘以回填厚度，以体积计算；

表2.12 管道折合回填体积　　　　单位：m³/m

管道	公称直径（mm以内）					
	500	600	800	1 000	1 200	1 500
混凝土管及钢筋混凝土管道	—	0.33	0.60	0.92	1.15	1.45
其他材质管道	—	0.22	0.46	0.74	—	—

·场区（含地下室顶板以上）回填，按回填面积乘以平均回填厚度，以体积计算。

（15）土方运输按挖方体积（减去回填方体积）以天然密实体积计算。

2.2.3 计价的相关规定

1. 绿化用地中的土方工程

（1）回填种植土分为人工和机械回填，执行回填种植土定额项目，不再计整理绿化种植地定额项目。回填种植土及绿地起坡造型已包含100m内取土运土。运距超过时另按现行《××省市政工程计价标准》第一章相关子目执行。

（2）人工换土是指单株（坑）植物种植点土质不能满足植物生长时，采取种植土换填；绿篱、地被、露地花卉及草本类植物换土按成片换土执行回填种植土定额项目。换填种植土设计用量与定额不同时，可按设计要求调整，消耗量按设计种用量的（1+18%）计算，人工、机械按种植土调整比例相应调整。余土外运按《××省市政工程计价标准》第一章相应规定执行。

（3）整理绿化种植地是指施工场地内原有种植土厚度≤300cm的挖填翻松、耙细平整。

（4）绿地起坡造型是指按设计要求由夯填、堆筑而成的绿化种植地坡顶与坡底高差大于1.0m及25%＜坡度≤30%的土坡造型堆置，坡度<25%的，按《××省市政工程计价标准》第一章相关规定执行。

（5）堆砌土山丘指坡顶与坡底高差大于1.0m且坡度大于30%的土坡堆砌。已包含100m内取土运土。运距超过时另按《××省建筑工程计价标准》第一章相关子目执行。

2. 园林建筑、景观工程中的土方工程

（1）土壤分类，具体见表2.13。

表2.13 土壤分类

土分类	土名称	开挖方法
一、二类土	粉土、砂土（粉砂、细砂、中砂、粗砂、砾砂）、粉质黏土、弱中盐渍土、软土（淤泥质土、泥炭、泥炭质土）、软塑红黏土、冲填土	用锹，少许用镐、条锄开挖，机械能全部直接铲挖满载者
三类土	黏土、碎石土（圆砾、角砾）混合土、可塑红黏土、硬塑红黏土、强盐渍土、素填土、压实填土	主要用镐、条锄，少许用锹开挖，机械需部分铲松方能铲挖满载者或可直接铲挖但不能满载者
四类土	碎石土（卵石、碎石、漂石、块石）、坚硬红黏土、超盐渍土、杂填土	全部用镐、条锄挖掘，少许用撬棍挖掘，机械须普遍铲松方能铲挖满载者

（2）干土、湿土、淤泥的划分。

① 干土、湿土的划分，以地质勘测资料的地下常水位为准，地下常水位以上为干土，以下为湿土。

② 地表水排出后，土壤含水率≥25%时为湿土。

③ 淤泥为在静水或缓慢的流水环境中沉积，并经生物化学作用形成，其天然含水量>液限、天然孔隙比≥1.5的黏性土。天然含水量大于液限而天然孔隙比<1.5但≥1.0的黏性土或粉土为淤泥质土。

（3）冻土。

温度在 0 ℃ 及以下，并夹含有冰的土壤为冻土。本章定额中的冻土，指短时冻土和季节冻土。

（4）沟槽、基坑、一般土石方的划分。

底宽（设计图示垫层或基础的底宽，下同）≤7 m，且底长＞3 倍底宽为沟槽；底长≤3 倍底宽，且底面积≤150 m² 为基坑；超出上述范围，又非平整场地的，为一般土石方。定额中已经综合了坑、槽比例，实际不同时，均执行定额不作调整。

（5）机械挖土方定额已综合了基底和边坡预留厚度≤0.3m 的人工清理及修整，人工基底清理及边坡修整不另行计算。如设计基底预留厚度大于 0.3m，则超过部分工程量按人工挖一般土方相应项目执行。

（6）大型支撑基坑土方开挖定额适用于地下连续墙、混凝土支护桩、钢板支护桩、拉锚等围护的带内支撑，且支撑宽度大于 8 m 的深基坑开挖。

（7）大型支撑基坑开挖项目以最上一道支撑梁的下表面为划分界限，界限以上的土石方执行一般土石方相应项目，界限以下的土石方执行带支撑基坑土石方相应项目。

（8）长臂挖机挖土方定额，适用于坑上作业带支撑开挖且支撑宽度小于 8m 的深基坑基槽开挖。

（9）小型挖掘机挖土方、淤泥、泥沙定额，适用于斗容量≤0.3m³ 的挖掘机开挖基础（含垫层）底宽≤1.20 m 的沟槽或单个坑底面积≤8m² 的基坑土方工程。

（10）三、四类土壤的土方二次翻挖按降低一级类别套用相应定额，淤泥翻挖，执行挖淤泥的相应定额项目。

（11）挖掘机转堆土方适用于经批准的施工组织设计或施工方案明确需进行的场内土转堆。

（12）挖淤泥、流砂不分一般、坑、槽，执行相应挖淤泥、流砂定额项目，同一坑、槽深度不同时取最低点确定深度。

（13）淤泥、流砂运输项目按即挖即运编制，对没有立即运输，经晾晒后的执行相应土方挖、运定额项目。

（14）土石方工程执行相应项目时乘以以下系数：

① 定额土方开挖均按三类土为准编制，如实际是一、二、四类土时，人工、机械按表 2.14 系数调整。

表 2.14 土壤类别调整系数

项目	计算基数	一、二类土	四类土
人工土方	人工	0.6	1.45
机械土方	机械	0.84	1.18

② 土方项目按干土编制。人工挖、运湿土时，按相应项目人工乘以系数 1.18；机械挖、运湿土时，按相应项目人工、机械乘以系数 1.15。采取降、止水措施后，人工挖、运土按相应项目人工乘以系数 1.05，机械挖、运土不再乘以系数。

③ 挖土方深度超过 6m 时，应按机械挖土考虑。如局部超过 6m 的土方且仍采用人工挖土

的，超过 6m 部分的土方，在 6m 以内的定额项目基础上每增加 1m 相应人工增加 5%。

④ 人工挖淤泥、流砂，挖深超过 6m 时，在 6m 以内的定额项目基础上每增加 1m 相应人工增加 5%。

⑤ 人工挖坑槽一侧弃土时，乘以系数 1.18。

⑥ 桩间挖土时，人工开挖土方按相应定额项目乘以系数 1.25；机械挖土方按相应定额项目乘以系数 1.10。

⑦ 满堂基础垫层底以下局部加深的槽、坑，按槽坑相应规则计算工程量，相应项目人工、机械乘以系数 1.25。

⑧ 利用铲运机或推土机推土，当土层平均厚度≤0.30 m 时，推土机台班乘以系数 1.25，铲运机台班乘以系数 1.17。

⑨ 推土机、铲运机，推、铲未经压实的堆积土时，按相应定额项目乘以系数 0.61。

⑩ 挖掘机在垫板上作业时，按相应项目人工、机械乘以系数 1.25。挖掘机下铺设垫板、汽车运输道路上铺设材料时，其费用另行计算。

⑪ 盖挖土方执行带支撑土石方开挖相应项目，其人工乘以系数 1.6，机械乘以系数 1.4。

⑫ 挖掘机挖地下室带支撑基坑时，如遇淤泥、流砂按相应带支撑基坑土方项目，人工、机械乘以系数 1.3。

⑬ 挖密实的钢碴时，人工开挖按相应定额乘以系数 3.62，机械开挖按相应定额乘以系数 1.77。

⑭ 除大型支撑基坑土方开挖、长臂挖机挖土方定额项目外，在支撑（或挡土板）下挖土，人工开挖按相应定额乘以系数 1.43，机械开挖按相应定额乘以系数 1.20。先开挖后支撑（或挡土板）的不属于支撑下挖土。

⑮ 在强夯后的地基上挖土方，人工开挖按相应定额乘以系数 1.67，机械开挖按相应定额乘以系数 1.36。

⑯ 人力及人力车运土、石方上坡坡度在 15% 以上，推土机、铲运机重车上坡坡度大于 5%，斜道运距按斜道长度乘以表 2.15 的系数。

表 2.15 重车上坡降效系数

项目	推土机、铲运机、装载机			人工、人力车
坡度/%	5～10	10～15	15～25	＞15
系数	1.75	2.00	2.50	5.00

⑰ 基础（地下室）周边回填材料时，执行"地基处理与边坡支护工程"中"地基处理"相应项目，人工、机械乘以系数 1.1。

（15）土石方运输。

① 土石方运输按施工现场范围内运输编制。弃土外运以及弃土处理等其他费用，按各地政府要求结合市场的有关规定执行。

② 土石方施工现场范围内运距，按挖土区重心至填方区（或堆放区）重心间的最短距离计算，有施工组织设计（经过批准）的按设计，没有的按以下规定计算：

- 推土机推土运距：按挖方区重心至回填区重心之间的直线距离计算。
- 铲运机运土运距：按挖方区重心至卸方区重心加转向距离 45 m 计算。
- 自卸汽车运土运距：按挖方区重心至填土区（或对方地点）重心的最短距离计算。
- 采用人力垂直运输土石方、淤泥、流砂，垂直深度每米折合水平运距 7 m 计算。
- 如采用拖拉机运土按机动翻斗车定额执行。
- 淤泥、流砂、泥浆运输项目仅适用于场内运输。

（16）场地平整。

场地平整，系指建筑物所在现场厚度 ≤ ±30 cm 的就地挖、填及平整。挖填土方厚度 > ±30 cm 时，全部厚度按一般土方相应规定另行计算，但仍应计算场地平整；场地竖向布置挖填土方时，不再计算场地平整。

（17）定额未包括现场障碍物清除、地下常水位以下的施工降水、土石方开挖过程中的地表水排除与边坡支护，实际发生时，另按其他章节相应规定计算。

（18）定额已经充分考虑了运输过程中道路清理的人工，如需要材料时，另行计算。

（19）本章定额项目表中的施工机械是按合理的机械进行配备，在执行中不得因机械型号不同而调整。

2.3　计算实例

【例 2.1】　某小区园林绿化施工休闲亭如图 2.1、图 2.2 所示，基础底标高为 −0.5 m，土壤为软塑红黏土。试计算土方工程量、编制工程量清单并计算综合单价。

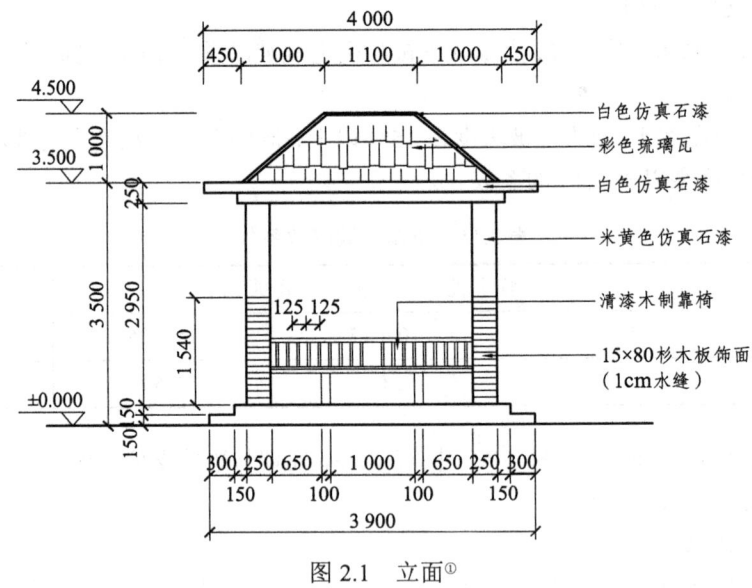

图 2.1　立面[①]

[①] 注：本书图中单位，除特别注明者外，其余标高单位均为 m，尺寸单位均为 mm。

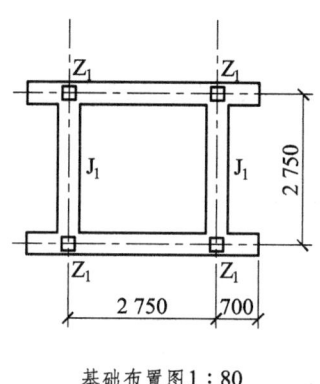

图 2.2 基础大样

【解】（1）土方工程量计算：

清单量：$V=L\times B\times H$
$=(2.75+0.7\times 2+2.75-0.5)\times 2\times 0.5\times 0.5$
$=3.2\text{ m}^3$

（2）土方工程量清单项与定额项的匹配。

结合表 2.4 项目特征的描述，在计算本例土方工程的综合单价时，应匹配的定额项见表 2.16。

表 2.16 土方工程清单项与定额项的结合

清单分项			定额分项		
序号	项目编码	项目名称	序号	项目编码	项目名称
1	010101003001	挖沟槽土方	1	1-1-4	人工挖沟槽（二类土）
2	010103001001	回填土	2	1-1-146	人工填土夯实

（3）土方工程定额量计算：

$$V=L\times(a+2c+kH)\times H$$
$=(2.75+0.7\times 2+2.75-0.5)\times 2\times(0.5+2\times 0.4+0)\times 0.5$
$=8.32\text{ m}^3$

（4）基础工程量计算：

$V_{基}=L\times F$
$=(2.75+0.7\times 2)\times 2\times(0.5+0.3)\times 0.2+(2.75-0.5)\times 2\times(0.5+0.3)\times 0.2+0.1\times 0.3\times 0.2\times 4$
$=1.328+0.72+0.024$
$=2.07\text{ m}^3$

（5）回填土工程量计算：

清单量：$V_{回}=3.2-2.07=1.13\text{ m}^3$
定额量：$V_{回}=8.32-2.07=6.25\text{ m}^3$

（6）拟套用的某省相关定额与估价见表 2.17、表 2.18。

表 2.17 土方相关定额与单位估价（一）

工作内容：挖土，弃土于槽、坑边 5m 以内或装土，修整边底。　　　　计量单位：100 m³

定额编号		1-1-4	1-1-5	1-1-6
项目名称		人工挖沟槽基坑（三类土）		
		深度 2 m	深度 4 m	深度 6 m
基价/元		3 755.41	4 356.27	5 053.24
其中	人工费/元	3 755.41	4 356.27	5 053.24
	定额人工费/元	3 129.51	3 630.22	4 211.04
	材料费/元	625.90	726.05	842.20
	规费/元	—	—	—
	机械费/元	—	—	—

表 2.18 土方相关定额与单位估价（二）

工作内容：填土、夯土、运水、洒水。　　　　计量单位：100 m³

定额编号				1-1-145	1-1-146
项目名称				人工填土夯实	
				平地	槽、坑
基价/元				3 076.83	3 598.33
其中	人工费/元			3 067.62	3 589.12
	定额人工费/元			2 556.35	2 990.93
	规费/元			511.27	598.19
	材料费/元			9.21	9.21
	机械费/元			—	—
	名称	单位	单价/元	数量	
人工	综合工日 01	工日	106.80	28.723	33.606
材料	水	m³	5.94	1.55	1.55

（7）编制工程量清单见表 2.19。

表 2.19 土方工程量清单

序号	项目编码	项目名称	项目特征描述	计量单位	工程量
1	010101003001	挖沟槽土方	1. 土壤类别：二类土 2. 挖土深度：0.5 m	m³	3.2
2	010103001001	回填土	填方材料品种：二类土	m³	1.13

（8）土方分项工程综合单价计算见表 2.20。

表 2.20 综合单价分析表

序号	项目编码	项目名称	计量单位	定额编号	定额名称	定额单位	数量	单价/元				合价/元						综合单价/元
								人工费		材料费	机械费	人工费		材料费	机械费	管理费	利润	风险费	
								定额人工费	规费			定额人工费	规费						
1	010101003001	挖沟槽土方	m³	1-1-4	挖沟槽基坑（二类土）	100m³	0.0260	1877.7	375.54			48.82	9.76	0.00	0.00	12.24	6.56		77.39
					小计							48.82	9.76	0.00	0.00	12.24	6.56		
2	010103001001	回填土	m³	1-1-146	人工填土夯实槽坑	100m³	0.0550	2990.9	589.19	9.21		164.50	32.90	0.51	0.00	41.26	22.09		261.26
					小计							164.50	32.90	0.51	0.00	41.26	22.09		

（9）土方项目分部分项工程费计算见表 2.21。

表 2.21 分部分项工程清单与计价

序号	项目编码	项目名称	计量单位	工程量	金额/元				
					综合单价	合价	其中		
							人工费	机械费	暂估价
1	010101003001	挖沟槽土方	m³	3.2	77.39	247.65	187.46	0	
2	010103001001	回填土	m³	1.13	261.26	295.22	223.06	0	
合计						542.87	410.52	0	

【例 2.2】 某公园中心绿地绿化如图 2.3 所示。已知工程条件：工程红线地形外接矩形长宽分别为 25 m、14 m，从园路边开始，每一层等高线围合面积依次为 170 m²、110 m²、56 m²、22 m²，假设等高线间距为 50 cm，山丘最高点为 1.5 m，最陡处水平距离为 4.9 m，人工堆筑。试计算道路内中心绿地绿化土方工程量、编制工程量清单并计算综合单价。

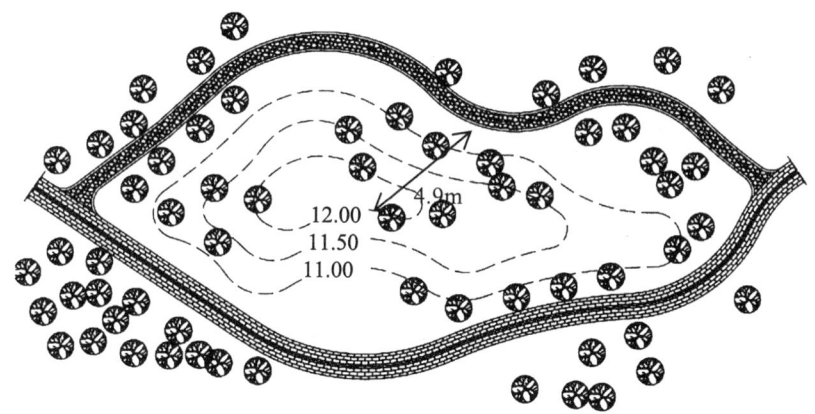

图 2.3 绿化平面

【解】 （1）坡度计算：以坡度最陡处进行计算。
当最陡处水平距离为 4.9m 时，坡度为 30.61%，属于坡度>30%情况。

（2）土方工程量计算：

$$V = 25 \times 14 \times 1 \times 1/3$$
$$= 116.67 \text{m}^3$$

（2）土方工程量清单项与定额项的匹配。

结合表 2.2 项目特征的描述，在计算本例土方工程的综合单价时，应匹配的定额项见表 2.22。

表 2.22 土方工程清单项与定额项的结合

清单分项			定额分项		
序号	项目编码	项目名称	序号	项目编码	项目名称
1	050301001001	堆筑土山丘	1	4-3-1	人工堆土山丘

（3）土方工程定额量计算。

定额量与清单量计算规则相同，即

定额量：$V = 25 \times 14 \times 1 \times 1/3$
$= 116.67 \text{m}^3$

（4）拟套用的某省相关定额与估价见表 2.23。

表 2.23 土方相关定额与单位估价

工作内容：取土、堆筑、夯实、人工修整等。 计量单位：10m³

定额编号		4-3-1	4-3-2
项目名称		人工堆土山丘	机械堆土山丘
基价/元		854.62	609.64
其中	人工费/元	401.99	28.48
	定额人工费/元	334.99	23.74
	规费/元	67.00	4.74
	材料费/元	452.63	452.63
	机械费/元	—	128.53

（5）编制工程量清单见表 2.24。

表 2.24 土方工程量清单

序号	项目编码	项目名称	项目特征描述	计量单位	工程量
1	050301001001	堆筑土山丘	1. 土丘高度：1.5 m 2. 土丘坡度：>30% 3. 土丘底外接矩形面积：350 m²	m³	116.67

（6）土方分项工程综合单价计算见表2.25。

表2.25 综合单价分析

序号	项目编码	项目名称	计量单位	清单综合单价组成明细											综合单价/元
				定额编号	定额名称	定额单位	数量	单价/元			合价/元					
								人工费 || 材料费	机械费	人工费 || 材料费	机械费	管理费	利润	风险费	
								定额人工费	规费			定额人工费	规费						
1	050301001001	堆筑土山丘	m²	4-3-1	人工堆土山丘	10 m³	0.100 0	334.99	67	452.63		33.50	6.70	45.26	0.00	8.40	4.50		98.36
				小计							33.50	6.70	45.26	0.00	8.40	4.50		

（7）土方项目分部分项工程费计算见表2.26。

表2.26 分部分项工程清单与计价

序号	项目编码	项目名称	计量单位	工程量	金额/元			
					综合单价	合价	其中		
							人工费	机械费	暂估价
1	050301001001	堆筑土山丘	m³	116.67	98.36	11 475.66	4 690.13	0	
合计							11 475.66	4 690.13	0	

本章习题

1. 某小区园林绿化施工欧式亭如图2.4～图2.6所示，土壤为坚硬红黏土。试计算土方工程量、编制工程量清单并计算综合单价。

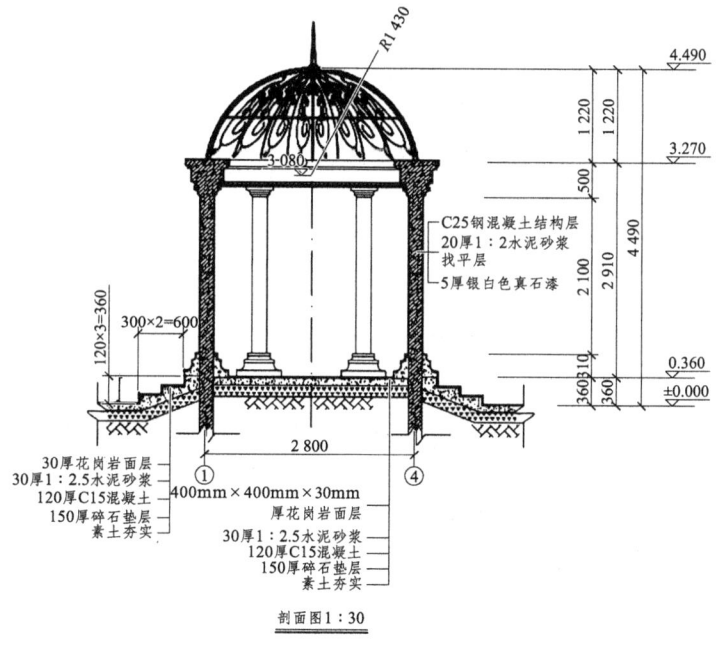

图2.4 欧式亭剖面

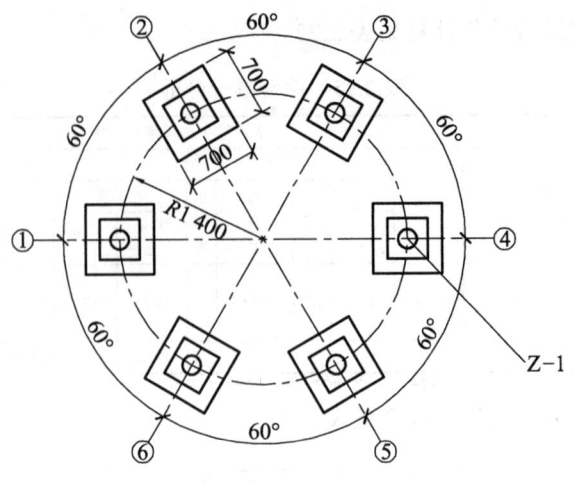

基础平面图1:30

图2.5 基础平面

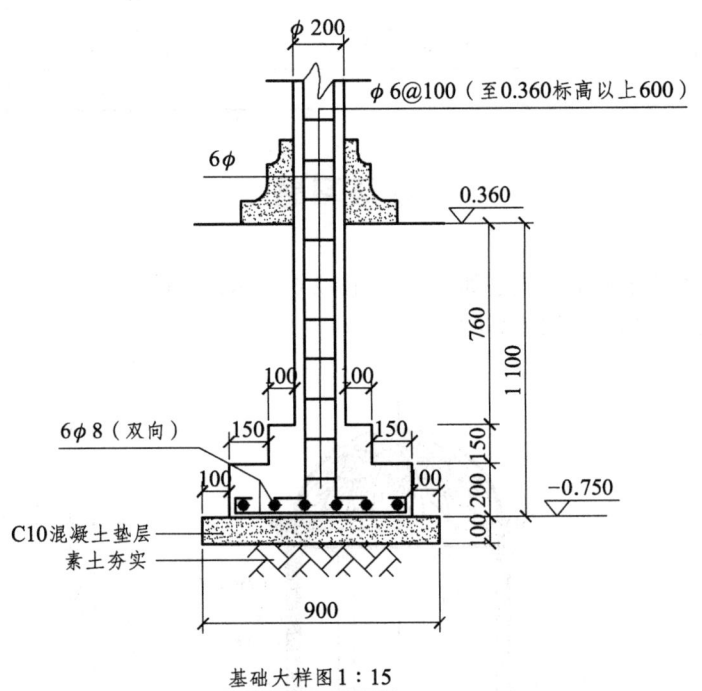

基础大样图1:15

图2.6 基础大样

2. 某绿地绿化如图2.7所示。已知工程条件：工程红线地形外接矩形长宽分别为 32 m、18 m，从园路边开始，每一层等高线围合面积依次为 370 m²、210 m²、116 m²、42 m²，假设等高线间距为 50 cm，山丘最高点为 1.75 m，最陡处水平距离为 5.8 m，人工堆筑。试计算道路内中心绿地绿化土方工程量、编制工程量清单并计算综合单价。

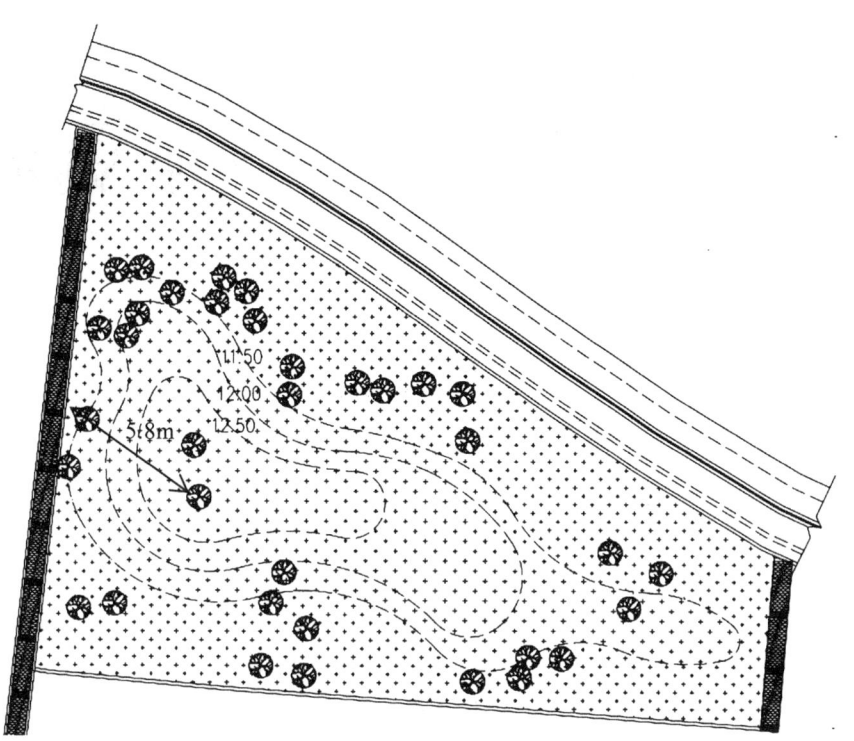

图 2.7 绿化平面图

第 3 章

园路及园林工程

教学要求：
- 熟悉园路及园桥工程项目清单分项的划分标准；
- 掌握园路及园桥工程项目的工程量计算规则；
- 掌握园路及园桥工程项目的综合单价计算方法。

本章主要讨论园路及园桥工程的列项、计量与计价问题。

3.1 项目划分

3.1.1 清单项目划分

1. 规范中的清单项目划分

《园林绿化工程工程量计算规范》（GB 50858—2013）将园路及园桥工程划分为园路、园桥工程等项目，具体分项见表 3.1。

表 3.1　园路及园桥工程（编码：050201）

项目编码	项目名称	项目特征	计量单位	工程量计算规则	工程内容
050201001	园路	1. 路床土石类别 2. 垫层厚度、宽度、材料种类 3. 路面厚度、宽度、材料种类 4. 砂浆强度等级	m²	按设计图示尺寸以面积计算，不包括路牙	1. 路基、路床整理 2. 垫层铺筑 3. 路面铺筑 4. 路面养护
050201002	踏（蹬）道			按设计图示尺寸以水平投影面积计算，不包括路牙	
050201003	路牙铺设	1. 垫层厚度、材料种类 2. 路牙材料种类、规格 3. 砂浆强度等级	m	按设计图示尺寸以长度计算	1. 基层清理 2. 垫层铺筑 3. 路牙铺设
050201004	树池围牙、盖板（箅子）	1. 围牙材料种类、规格 2. 铺设方式 3. 盖板材料种类、规格	1. m 2. 套	1. 以米计量，按设计图示尺寸以长度计算 2. 以套计量，按设计图示数量计算	1. 基层清理 2. 围牙、盖板运输 3. 围牙、盖板铺设

续表

项目编码	项目名称	项目特征	计量单位	工程量计算规则	工程内容
050201005	嵌草砖铺装	1. 垫层厚度 2. 铺设方式 3. 嵌草砖品种、规格、颜色 4. 漏空部分填土要求	m^2	按设计图示尺寸以面积计算	1. 原土夯实 2. 垫层铺设 3. 铺砖 4. 填土
050201006	桥基础	1. 基础类型 2. 垫层及基础材料种类、规格 3. 砂浆强度等级	m^3	按设计图示尺寸以体积计算	1. 垫层铺设 2. 基础砌筑 3. 砌石
050201007	石桥墩、石桥台	1. 石料种类、规格 2. 勾缝要求 3. 砂浆强度等级、配合比			1. 石料加工 2. 起重架搭、拆 3. 墩、台、拱石、石脸砌筑 4. 勾缝
050201008	拱石制作、安装	1. 石料种类、规格 2. 石脸雕刻要求 3. 勾缝要求 4. 砂浆强度等级、配合比	m^2	按设计图示尺寸以面积计算	
050201009	石脸制作、安装				
050201010	金刚墙砌筑		m^3	按设计图示尺寸以体积计算	1. 石料加工 2. 起重架搭、拆 3. 砌石 4. 填土夯实
050201011	石桥面铺筑	1. 石料种类、规格 2. 找平层厚度、材料种类 3. 勾缝要求 4. 混凝土强度等级 5. 砂浆强度等级	m^2	按设计图示尺寸以面积计算	1. 石料加工 2. 抹找平层 3. 起重架搭、拆 4. 桥面、桥面踏步铺设 5. 勾缝
050201012	石桥面檐板	1. 石料种类、规格 2. 勾缝要求 3. 砂浆强度等级、配合比			1. 石材加工 2. 檐板铺设 3. 铁锔、银锭安装 4. 勾缝
050201013	石汀步（步石、飞石）	1. 石料种类、规格 2. 砂浆强度等级、配合比	m^3	按设计图示尺寸以体积计算	1. 基层清理 2. 石料加工 3. 砂浆调运 4. 砌石
050201014	木制步桥	1. 桥宽度 2. 桥长度 3. 木材种类 4. 各部位截面长度 5. 防护材料种类	m^2	按设计图示尺寸以桥面板长度乘桥面板宽度，以面积计算	1. 木桩加工 2. 打木桩基础 3. 木梁、木桥板、木桥栏杆、木扶手制作、安装 4. 连接铁件、螺栓安装 5. 刷防护材料
050201015	栈道	1. 栈道宽度 2. 支架材料种类 3. 面层木材种类 4. 防护材料种类			1. 凿洞 2. 安装支架 3. 铺设面板 4. 刷防护材料

2. 清单列项的相关说明

（1）园路、园桥工程的挖土方、开凿石方、回填土应按市政工程计量规范相关项目编码列项。

（2）如遇某些构配件使用钢筋混凝土或金属构件时，应按房屋建筑与装饰工程计量规范或市政工程计量规范相关项目编码列项。

（3）地伏石、石望柱、石栏杆、石栏板、扶手、撑鼓等应按仿古建筑工程计量规范相关项目编码列项。

（4）亲水（小）码头各分部分项目按照园桥相应项目编码列项。

（5）台阶项目按房屋建筑与装饰工程计量规范相关项目编码列项。

（6）混合类构件园桥按房屋建筑与装饰工程计量规范或通用安装工程计量规范相关项目编码列项。

3.1.2 定额项目划分

园路及园桥工程按工程部位进行定额项目划分，包括园路、园桥、树池、台阶四个部分。各部分又按使用的材料品种划分子项，其分类见表3.2。

表 3.2 定额项目分类

大节	类别	按工作内容分	包括的主要项目
园路	路基	土基路床整理	路床整形碾压
	垫层	灰土垫层	
		砂垫层	
		砂石垫层	人工级配、天然级配
		毛石垫层	干铺、灌浆
		碎石垫层	干铺、灌浆
		炉（矿）渣垫层	干铺
		碎砖垫层	干铺、灌浆
		混凝土垫层	
	找平层	水泥砂浆	混凝土或硬基层上、填充材料上、每增减1mm
	园路面层	卵石面层	卵石满铺
			素色彩边卵石面
		石质块料面层	石质块料
			乱铺冰片石
			石拼花、碎拼
			石材走边
			零星装饰项目

续表

大节	类别	按工作内容分	包括的主要项目
园路	园路面层	其他材料面层	洗米石
			嵌草砖砂铺
			塑料植草格
			八五砖侧铺、平铺
			标准砖平铺、侧铺
			透水砖、彩色透水石
			瓦片
			陶瓷片
			六角板、小方料石
			料石汀步
			混凝土汀步
		混凝土面层	现浇混凝土面层
			纹形混凝土路面
			水刷石混凝土路面
			透水混凝土面层
			透水彩色混凝土面层
			彩色压模艺术地坪面层
			透水沥青混凝土面层
			混凝土方形块料
			混凝土异型块料
			混凝土大块块料
			假冰片
	路牙	缘石	砖缘石侧铺、立铺
			混凝土缘石
			石质缘石
			卵石路缘
			圆木路缘桩
		侧石	混凝土侧石
			石质侧石
		侧平石	连接型
			分离型
园桥	石桥	基础	毛石基础
			粗料石基础
			毛石混凝土基础
			混凝土基础
		桥台、桥墩	毛石
			粗料石
			现浇混凝土

续表

大节	类别	按工作内容分	包括的主要项目
园桥	石桥	桥梁、桥板	单梁
			桥洞底板
		护坡	毛石护坡
			毛料石护坡
		拱券、券脸	砖砌拱券
			石砌拱券
			石砌券脸
			挂贴券脸石面
		装饰贴面	桥面石铺贴
			石桥檐板
			型钢铁锔安装
			铸铁银锭安装
		其他石构件	石望柱安装
			石栏板安装
			地伏石安装
			抱鼓石安装
园桥	木桥	木梁、木柱、木龙骨	木梁、柱
			木龙骨
		木面板、木栏板、竹面板	木质面板制安
			木台阶制安
			木桥挂檐板制安
			木望柱制安
			木栏板制安
			竹面板安装
		木梁、木柱、木龙骨	木梁、柱
			木龙骨
树池	围牙	条石围牙	
		混凝土块围牙	
		砖砌围牙	立砖单层、立砖双层
	盖板	盖板安装	复合材料、铸铁
		填充（厚100 mm）	树皮、卵石
台阶	砌筑	料石台阶	
		山石台阶	
		标准砖台阶	
		混凝土台阶	含混凝土台阶模板
	装饰	水泥砂浆抹面	厚度20 mm、每增减1 mm
		石材贴面	直形、弧形
		陶瓷砖贴面	
		剁假石	

3.2 工程量计算规则

3.2.1 清单规则

清单计量规则详见表 3.1、表 3.2 中的相关规定。

3.2.2 定额规则

（1）土基路床整理按设计图示尺寸以面积计算。
（2）垫层、找平层：
① 垫层按设计图示尺寸另计两侧加宽值乘以厚度，以体积计算，加宽值按设计规定计算。设计未明确加宽值的，按两侧各加宽 50 mm 计算。
② 找平层按设计图示尺寸以面积计算。
（3）卵石面层按设计图示尺寸以面积计算。
（4）石质块料面层及其他材料面层：
① 面层按设计图示尺寸以面积计算。园路如有坡度，工程量以斜面积计算。园路面积应扣除面积大于 0.5 m² 的树池、花池、照壁、底座所占面积。坡道园路带踏步者，其踏步部分应扣除并另按台阶相应定额项目计算。
② 嵌草砖、塑料植草格铺装按设计图示尺寸以面积计算，不扣除漏空部分的面积。
③ 陶瓷片拼花、拼字，按其最小外接矩形面积计算。
④ 料石汀步及预制混凝土汀步按设计图示尺寸以体积计算。
（5）现浇混凝土模板除另有规定外，按混凝土与模板接触面积计算。
（6）侧（平、缘）石铺设按设计图示尺寸以延长米计算。
（7）园桥：
① 园桥基础、桥台、桥墩、护坡分别按设计图示尺寸以体积计算。
② 现浇混凝土梁、桥洞底板、砖砌拱券、石拱券、石券脸等，按设计图示尺寸以体积计算。
③ 挂贴券脸石面按设计图示尺寸以面积计算。
④ 桥面石铺贴按设计图示尺寸以面积计算。
⑤ 石桥檐板安装按设计图示尺寸以面积计算。
⑥ 型钢铁锔、铸铁银锭安装按设计安装数量以个计算。
⑦ 石望柱安装分不同的石望柱高度以根计算；石栏板安装按设计图示尺寸以面积计算。
⑧ 地伏石安装按设计图示尺寸以延长米计算；抱鼓石安装按设计图示尺寸以面积计算。
⑨ 园桥现浇毛石混凝土、混凝土构件模板，均按模板与混凝土的接触面积计算。
⑩ 木梁、柱制安按设计图示尺寸分不同的截面尺寸以体积计算。木龙骨按设计图示尺寸以面积计算，如施工图设计与定额项目所列木龙骨截面尺寸不同，防腐木消耗量可以调整，其他不变。

⑪ 木质面板制安按设计图示尺寸以面积计算；木桥挂檐板按设计图示尺寸以外围面积计算。

⑫ 木望柱制安按设计图示尺寸以体积计算；木栏板制安按设计图示尺寸以面积计算，不扣除漏空部分。

⑬ 木台阶制安按设计图示尺寸以水平投影面积计算。

（8）树池：

① 围牙按设计图示尺寸以延长米计算。

② 盖板按设计图示以套计算。

（9）台阶：

① 料石台阶、山石（自然石）台阶、混凝土台阶按设计图示尺寸以水平投影面积计算。

② 标准砖台阶按设计图示尺寸以体积计算。

③ 台阶面层按设计图示尺寸以台阶（包括最上层踏步边沿加 300 mm）水平投影面积计算。

④ 混凝土台阶模板不包括梯带，按设计图示尺寸以水平投影面积计算，台阶端头两侧不另行计算模板面积。

3.2.3 计价的相关规定

（1）园路中非机动车道、人行道执行本章定额项目，机动车道按《××省市政工程计价标准》相应定额项目。

（2）卵石面层：

① 卵石面层按卵石平面平铺考虑，采用露面铺及立面铺时，人工乘以系数 1.2。

② 卵石粒径以 40～60 mm 考虑，设计规格不同时，材料规格和用量可换算，其他不变。

③ 卵石地面用卵石做人物、花鸟、几何等图案的，按拼花定额项目执行。

④ 卵石拼花指用满铺卵石拼花，分色拼花时，人工乘以系数 1.2。

⑤ 满铺卵石地面中用砖、瓦片、瓷片等其他材料拼花时，执行相应定额项目，人工乘以系数 1.2。

（3）石质块料面层：

① 石质块料面层当在坡道（8%＜坡度≤18%）铺贴时，垫层和面层按平道定额项目执行，人工乘以系数 1.18。

② 石质块料零星项目面层适用于台阶的牵边、蹲台、池槽，以及面积在 0.5 m² 以内且未列入定额项目的工程。

③ 石质块料面层厚度大于 100 mm、小于等于 150mm 时，套板厚度≤100 mm 相应子目人工乘以系数 1.193，厚度大于 150 mm 时，按经批准的施工组织设计另行计算。

（4）其他材料面层：

① 嵌草路面中的回填土、草皮种植执行"绿化工程"中相应定额项目，其中嵌草砖回填土套相应子目人工乘以系数 1.2。

②"人字纹""席纹"铺砖地面执行"拐子锦"定额项目,"龟背锦"铺砖地面执行"八方锦"定额项目。拐子锦如图3.1所示,八方锦如图3.2所示。

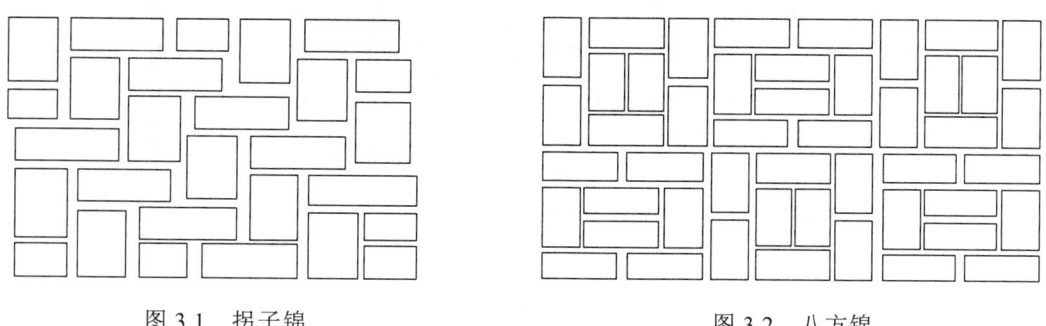

图3.1 拐子锦　　　　　　　　　图3.2 八方锦

(5)混凝土面层:

现浇透水混凝土路面定额项目按现场搅拌混凝土考虑,如果使用预拌的按《××省市政工程计价标准》相关规定执行。

(6)侧(平、缘)石安砌按直线、弧线综合考虑。

(7)树池填充厚度按100 mm考虑,设计厚度不同时材料消耗量可以按设计调整,其他不变。

(8)圆木路缘桩设计规格、数量与定额不同时,可按设计调整,其他不变。

(9)园桥指园林内供游人通行的步桥。本定额按混凝土桥、石桥、木桥编制。

(10)石桥檐板、石望柱、石栏板、地伏石、抱鼓石:

①本定额均为简式成品安装。如为现场加工制作,执行其他专业相应定额项目。

②本定额安装按平直考虑,实际施工中如遇斜面且坡度大于30%,人工乘以系数1.1。

(11)木望柱、木栏板制作安装按简易型平直考虑,如遇斜式时,人工乘以系数1.1。

(12)木栈道套用本章木桥木梁(柱)、木龙骨、木面板等相应定额子目。

(13)木质构件刷油漆,钢构件制作安装,铁件制作安装,螺栓安装等按《××省建筑工程计价标准》相应定额项目执行。

(14)带山石挡土墙的山石(自然石)台阶,山石(自然石)台阶执行本章相应定额项目,山石挡土墙按《××省建筑工程计价标准》相应定额项目执行。

3.3 计算实例

【例3.1】 某园路铺装标准段施工图如图3.3、图3.4所示,施工要求砂浆浇筑碎石垫层,面层采用现浇混凝土满铺卵石(粒径40~50 mm),青石板(厚50 mm),采用干混地面砂浆DS M20铺设并勾缝。试计算该标准段的园路工程量、编制工程量清单并计算综合单价。

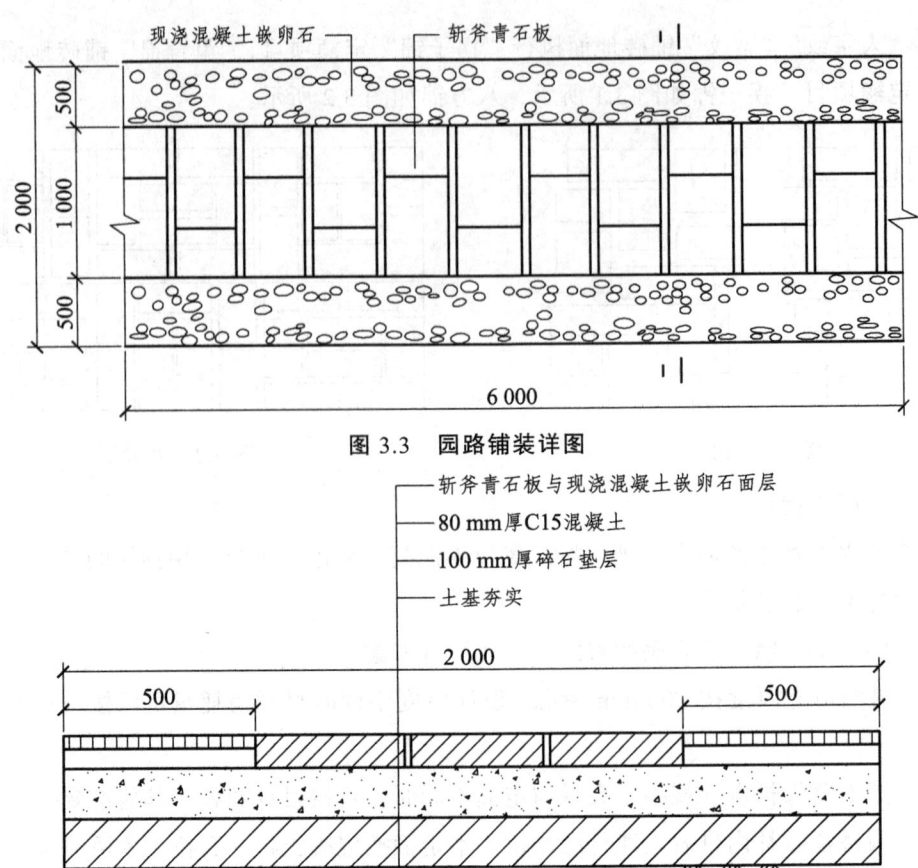

图 3.3 园路铺装详图

图 3.4 园路 1—1 剖面

【解】（1）园路清单工程量计算为

$$2 \times 6 = 12 \text{ m}^2$$

（2）编制工程量清单见表 3.3。

表 3.3 园路工程量清单

序号	项目编码	项目名称	项目特征描述	计量单位	工程量
1	050201001001	园路	1. 路床土石类别：土基夯实 2. 垫层厚度、宽度、材料种类：100 mm 厚碎石垫层灌浆＋80 mm 厚 C15 混凝土垫层 3. 路面厚度、宽度、材料种类：50mm 厚、1 000 mm 宽斩斧青石板勾缝＋50mm 厚、800 mm 宽现浇混凝土嵌卵石面层 4. 砂浆强度等级：干混地面砂浆 DS M20	m²	12

（3）园路清单项与定额项的匹配。

根据表 3.1 知园路的工作内容包括：①路基、路床整理；②垫层铺筑；③路面铺筑；④路面养护。再结合表 3.3 项目特征的描述，在计算本例园路分项工程的综合单价时，应匹配的定额项见表 3.4。

表 3.4 园路项目清单项与定额项的匹配

清单项		定额项			定额来源
项目编码	项目名称	序号	定额编号	项目名称	
050201001001	园路	1	4-2-1	路床整形碾压	《××省园林绿化工程计价标准》
		2	4-2-9	碎石垫层灌浆	
		3	4-2-13	混凝土垫层	
		4	4-2-18	卵石满铺不拼花（换）	
		5	4-2-21	石质块料≤50mm 浆铺勾缝	

(4) 与园路清单分项相关的定额工程量计算。

① 整理园路土基路床定额工程量为

$$6.0 \times 2.0 = 12 \text{ m}^2$$

② 碎石垫层定额工程量为：

$$6.0 \times (2.0 + 0.05 \times 2) \times 0.1 = 1.26 \text{ m}^3$$

③ 混凝土垫层定额工程量为：

$$6.0 \times (2.0 + 0.05 \times 2) \times 0.08 = 1.008 \text{ m}^3$$

④ 现浇混凝土嵌卵石面层定额工程量为：

$$6.0 \times (0.5 + 0.5) = 6.0 \text{ m}^2$$

⑤ 青石板路面定额工程量为：

$$6.0 \times 1.0 = 6.0 \text{ m}^2$$

(5) 拟套用的某省相关定额与单位估价见表 3.5~表 3.8。

表 3.5 园路相关定额与单位估价（一）

计量单位：100 m²

定额编号		4-2-1
项目名称		路床整形碾压
基价/元		192.92
其中	人工费/元	177.39
	定额人工费/元	147.83
	规费/元	29.56
	材料费/元	—
	机械费/元	15.53

表 3.6 园路相关定额与单位估价（二）

计量单位：10 m³

定额编号				4-2-8	4-2-9	4-2-13
项目名称				碎石垫层		混凝土垫层
				干铺	灌浆	
基价/元				1 824.91	2 802.18	4 090.17
其中	人工费/元			561.33	589.68	524.88
	定额人工费/元			467.78	491.40	437.40
	规费/元			93.55	98.28	87.48
	材料费/元			1 257.90	2 124.69	3 565.29
	机械费/元			—	5.68	87.81
	名称	单位	单价/元	数量		
人工	综合工日 06	工日	135.00	4.158	4.368	3.888
材料	碎石粒径（综合）	m³	93.43	13.400	11.016	—
	水	m³	5.94	1.000	1.000	5.000
	干混普通砌筑砂浆 DM M10	m³	375.74	2.734	—	—
	预拌混凝土 C15	m³	345.00	—	—	10.200
	电	kW·h	0.47	—	—	23.100
	塑料薄膜	m²	0.12	—	—	47.780
机械	干混砂浆罐式搅拌机 公称储量 20 000 L	台班	284.17	—	0.289	—
	电动夯实机 夯击能量 250N·m	台班	21.83	0.260	0.260	—

表 3.7 园路相关定额与单位估价（三）

计量单位：100 m²

定额编号				4-2-17	4-2-18
项目名称				卵石满铺（平面）	
				平铺	
				拼花	不拼花
基价/元				15 125.37	11 272.00
其中	人工费/元			11 807.61	9 446.09
	定额人工费/元			9 839.68	7 871.74
	规费/元			1 967.93	1 574.35
	材料费/元			3 215.46	1 723.61
	机械费/元			102.30	102.30
	名称	单位	单价/元	数量	
人工	综合工人 16	工日	166.68	70.840	56.672
材料	本色卵石	t	52.68	5.500	7.200
	彩色卵石	t	930.24	1.700	—
	干混地面砂浆 DS M20	m³	362.98	3.600	3.600
	水	m³	5.94	6.080	6.080
	草酸	kg	1.46	1.000	1.000
机械	干混砂浆罐式搅拌机 公称储量 20 000 L	台班	284.17	0.360	0.360

表 3.8　园路相关定额与单位估价（四）

计量单位：100 m²

定额编号			4-2-21	4-2-22
项目名称			石质块料	
			板厚度≤50mm	
			浆铺（勾缝）	浆铺（不勾缝）
基价/元			16 954.57	16 659.77
其中	人工费/元		4 671.54	3 971.48
	定额人工费/元		3 892.95	3 309.57
	规费/元		778.59	661.91
	材料费/元		12 222.22	12 630.32
	机械费/元		60.81	57.97
	名称	单位	单价/元	数量
人工	综合工日 16	工日	166.68	28.027	23.827
材料	石质块料	m²	114.00	98.000	102.000
	干混地面砂浆 DS M20	m³	362.98	2.040	2.040
	干混陶瓷砖黏结砂浆 DTA	m³	401.28	0.100	—
	白色硅酸盐水泥 P·W32.5	t	777.00	0.010	—
	石料切割锯片	片	20.98	0.615	0.615
	棉纱头	kg	7.56	1.000	1.000
	锯木屑	m³	364.80	0.600	0.600
	水	m³	5.94	2.912	2.912
	电	kW·h	0.47	11.070	11.070
机械	干混砂浆罐式搅拌机公称储量 20 000 L	台班	284.17	0.214	0.204

（6）询价知当地相关材料的价格见表 3.9。

表 3.9　相关材料的价格

项次	材料品名、规格	计量单位	单价/元
1	现浇混凝土 C15	m³	275.00

（7）材料费单价计算。

4-2-18 现浇混凝土嵌卵石面层（用混凝土替换砂浆）材料费单价：

$$1723.61-3.6\times 362.98+3.6\times 275=1\ 406.88\ 元/100\ m^2$$

（8）园路分项工程综合单价计算见表 3.10。

（9）园路项目分部分项工程费计算见表 3.11。

表 3.10 综合单价分析

序号	项目编码	项目名称	计量单位	清单综合单价组成明细											综合单价/元
				定额编号	定额名称	定额单位	数量	单价/元				合价/元					
								人工费 || 材料费	机械费	人工费 || 材料费	机械费	管理费	利润	风险费	
								定额人工费	规费			定额人工费	规费						
1	050201001001	园路	m²	4-2-1	路床整形碾压	100m²	0.0100	147.83	29.56		15.5	1.48	0.30	0.00	0.16	0.37	0.20		231.88
				4-2-9	碎石垫层灌浆	10m³	0.0105	491.4	92.28	2 124.69	87.8	5.16	0.97	22.31	0.92	1.31	0.70		
				4-2-13	混凝土垫层	10m³	0.0084	437.4	87.48	3 565.29		3.67	0.73	29.95	0.00	0.92	0.49		
				4-2-18	卵石满铺不拼花（换）	100m²	0.0050	7 871.74	1 574.35	1 406.88	102	39.36	7.87	7.03	0.51	9.88	5.29		
				4-2-21	石质块料≤50mm浆铺勾缝	100m²	0.0050	3 892.95	778.59	12 222.2	60.8	19.46	3.89	61.11	0.30	4.89	2.62		
				小计								69.14	13.76	120.40	1.89	17.38	9.31		

表 3.11 分部分项工程清单与计价

序号	项目编码	项目名称	计量单位	工程量	金额/元				
					综合单价	合价	其中		
							人工费	机械费	暂估价
1	050201001001	园路	m²	12	231.88	2 782.56	994.8	22.68	
合计						2 782.56	994.8	22.68	

本章习题

1. 按图 3.5 所示列出园路项目、计算相应工程量并采用当地定额计算综合单价。

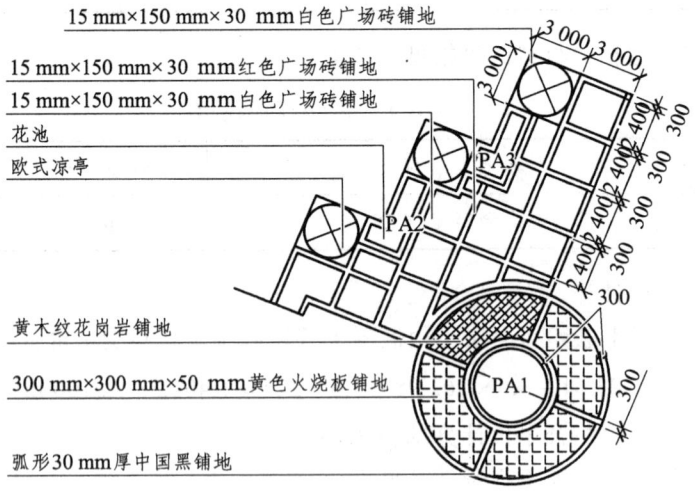

（a）铺地大样

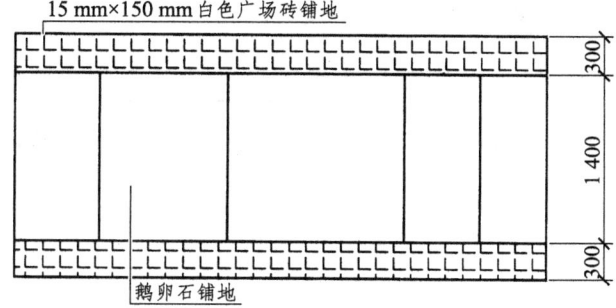

(b)卵石铺地大样

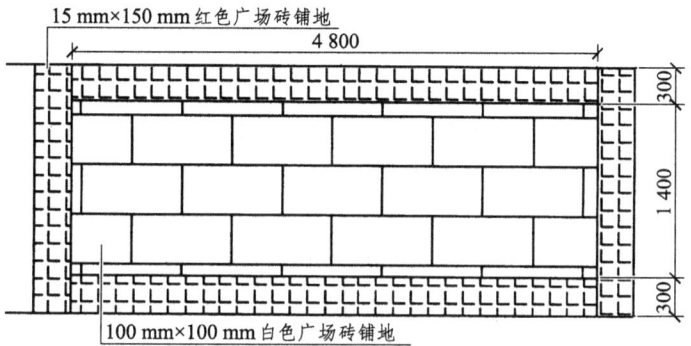

(c)广场砖铺地大样

图 3.5 某园路示意

第 4 章

园林水景工程

教学要求：

- 熟悉园林水景（驳岸）工程清单分项的划分标准；
- 掌握园林水景（驳岸）工程的工程量计算规则；
- 掌握园林水景（驳岸）工程的综合单价计算方法。

本章主要讨论园林水景（驳岸）工程的项目划分、工程量计算和综合单价计算问题。

4.1 项目划分

4.1.1 清单项目划分

1. 规范中的清单项目划分

《园林绿化工程工程量计算规范》（GB 50858—2013）将园林水景（驳岸）工程划分为驳岸护岸、喷泉安装等项目，具体分项见表 4.1、表 4.2。

表 4.1 驳岸、护岸（编码：050202）

项目编码	项目名称	项目特征	计量单位	工程量计算规则	工程内容
050202001	石（卵石）砌驳岸	1. 石料种类、规格 2. 驳岸截面、长度 3. 勾缝要求 4. 砂浆强度等级、配合比	1. m³ 2. t	1. 以立方米计量，按设计图示尺寸体积计算 2. 以吨计量，按质量计算	1. 石料加工 2. 砌石（卵石） 3. 勾缝
050202002	原木桩驳岸	1. 木材种类 2. 桩直径 3. 桩单根长度 4. 防护材料种类	1. m 2. 根	1. 以米计量，按设计图示桩长（包括桩尖）计算 2. 以根计量，按设计图示数量计算	1. 木桩加工 2. 打木桩 3. 刷防护材料
050202003	满（散）铺砂卵石护岸（自然护岸）	1. 护岸平均宽度 2. 粗细砂比例 3. 卵石粒径	1. m² 2. t	1. 以平方米计量，按设计图示尺寸以护岸展开面积计算 2. 以吨计量，按卵石使用质量计算	1. 修边坡 2. 铺卵石

续表

项目编码	项目名称	项目特征	计量单位	工程量计算规则	工程内容
050202004	点（散）布大卵石	1. 大卵石粒径 2. 数量	1. 块（个） 2. t	1. 以块（个）计量，按设计图示数量计算 2. 以吨计量，按卵石使用质量计算	1. 布石 2. 安砌 3. 成型
050202005	框格花木护坡	1. 护岸平均宽度 2. 护坡材质 3. 框格种类及规格	m²	按设计图示尺寸展开宽度乘以长度，以面积计算	1. 修边坡 2. 安放框格

表 4.2 喷泉安装（编码：050306）

项目编码	项目名称	项目特征	计量单位	工程量计算规则	工程内容
050306001	喷泉管道	1. 管材、管件、阀门、喷头品种 2. 管道固定方式 3. 防护材料种类	m	按设计图示管道中心线长度，以延长米计算，不扣除检查（阀门）井、阀门、管件及附件所占的长度	1. 土（石）方挖运 2. 管材、管件、阀门、喷头安装 3. 刷防护材料 4. 回填
050306002	喷泉电缆	1. 保护管品种、规格 2. 电缆品种、规格	m	按设计图示单根电缆长度，以延长米计算	1. 土（石）方挖运 2. 电缆保护管安装 3. 电缆敷设 4. 回填
050306003	水下艺术装饰灯具	1. 灯具品种、规格 2. 灯光颜色	套	按设计图示数量计算	1. 灯具安装 2. 支架制作、运输、安装
050306004	电气控制柜	1. 规格、型号 2. 安装方式	台		1. 电气控制柜（箱）安装 2. 系统调试
050306005	喷泉设备	1. 设备品种 2. 设备规格、型号 3. 防护网品种、规格	台		1. 设备安装 2. 系统调试 3. 防护网安装

2. 清单列项的相关说明

（1）驳岸工程的挖土方、开凿石方、回填等应按现行国家标准《房屋建筑与装饰工程工程量计算规范》（GB 50854）附录 A 中相关项目编码列项。可参考第 2 章园林土方工程。

（2）木桩钎（梅花桩）按原木桩驳岸项目单独编码列项。

（3）钢筋混凝土仿木桩驳岸，其钢筋混凝土及表面装饰按现行国家标准《房屋建筑与装饰工程工程量计算规范》（GB 50854）中相关项目编码列项，若表面为"塑松皮"，则按本书第 5 章中园林景观工程相关项目编码列项。

（4）框格花木护坡的铺草皮、撒草籽等应按本书第 6 章中绿化种植工程相关项目编码列项。

（5）喷泉水池应按现行国家标准《房屋建筑与装饰工程工程量计算规范》（GB 50854）中相关项目编码列项。

（6）管架项目按现行国家标准《房屋建筑与装饰工程工程量计算规范》（GB 50854）中钢支架项目单独编码列项。

4.1.2 定额项目划分

水景景观定额仅列出驳岸护岸以及喷泉喷头两部分内容,其他与水景相关的内容如规则水池池壁、刚性水池池底等,主要参考建筑工程计价标准的土石方工程、砌筑工程、钢筋混凝土工程、防水工程等相关内容进行定额的选择。园林绿化工程计价标准分类见表4.3。

表4.3 定额项目分类

项目	类型	包括的主要工作内容
驳岸、护岸	原木桩驳岸	制作木桩、定位、校正、打桩、锯桩头等
	自然式驳岸	选石、调配砂浆、定位、堆砌、塞垫嵌缝、清理、养护等
	自然式护岸(浆铺)	选石、调配砂浆、定位、堆砌、塞垫嵌缝、清理、养护等
	自然式护岸(干铺)	选石、定位、堆砌、塞垫嵌缝、清理、养护等
	满铺卵石护岸	放线、调浆、抹水泥砂浆底层、铺面层、嵌缝、清扫
	池底满铺卵石(浆铺)	选石、调配砂浆、固定等
	池底满铺卵石(干铺)	选石、固定等
	预制混凝土框格护岸	修整边坡、铺砂、安装固定框格等
	生态袋护岸	修整边坡、安放等
	土工格室生态护岸	修整边坡、安放等
喷泉喷头安装	喷泉喷头(螺纹连接)	外观检查、清污、喷头安装等
	喷泉喷头(法兰连接)	外观检查、清污、法兰垫制作安装、喷头及法兰盘安装、紧螺栓等

4.2 工程量计算规则

4.2.1 清单规则

清单计量规则详见表4.1、表4.2中的相关规定。

4.2.2 定额规则

(1)原木桩驳岸按设计图示尺寸桩长(包括桩尖)乘以截面积,以体积计算。
(2)自然式驳岸、自然式护岸、池底散铺卵石按实际使用石料数量,以质量计算。
(3)生态袋护岸按设计图示尺寸以体积计算。
(4)预制混凝土框格护岸,按设计图示尺寸以面积计算。

(5)满铺卵石护岸和土工格室生态护岸按设计图示尺寸以面积计算,如有坡度,工程量以斜面积计算。

(6)喷泉喷头安装按设计图示以"套"计算。

(7)喷泉管道按照设计图示尺寸以米计算,不扣除阀门、管件及附件所占长度。

4.2.3 计价的相关规定

(1)自然式护岸是指满铺卵石或自然石的护岸,点布大卵石护岸套用自然式驳岸定额项目。

(2)自然式驳岸是指堆砌在湖边、溪边、人工水景(池)等岸边,形成一种仿自然形态的水溪岸景观效果的砌筑形式。

(3)预制混凝土框格护岸定额项目按成品考虑。

(4)生态袋护岸定额项目按照成品考虑,发生现场装袋,装袋费用另行计算。实际使用生态袋规格尺寸与定额项目不同时,可调整生态袋消耗量,其他不变。

(5)除了标准中的喷泉喷头项目外,其余与水池、水景相关的其他安装项目,如管道、设备等按照安装工程计价标准执行相应定额项目;涉及管道的土石方等项目按照第2章园林土方工程规定执行。

4.3 计算实例

【例4.1】 某公园景观设计中有自然护岸人工水体景观,其水体驳岸线长为1 360m,平均宽度为3.5m,坡度为1∶2,采用自然卵石满铺100mm厚,施工图具体如图4.1、图4.2所示,试计算其驳岸工程量、编制工程量清单并计算综合单价。

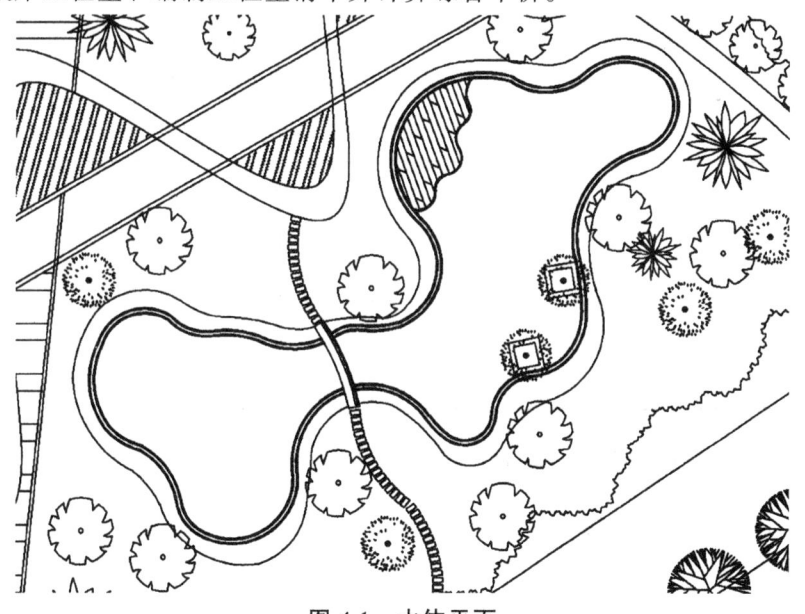

图4.1 水体平面

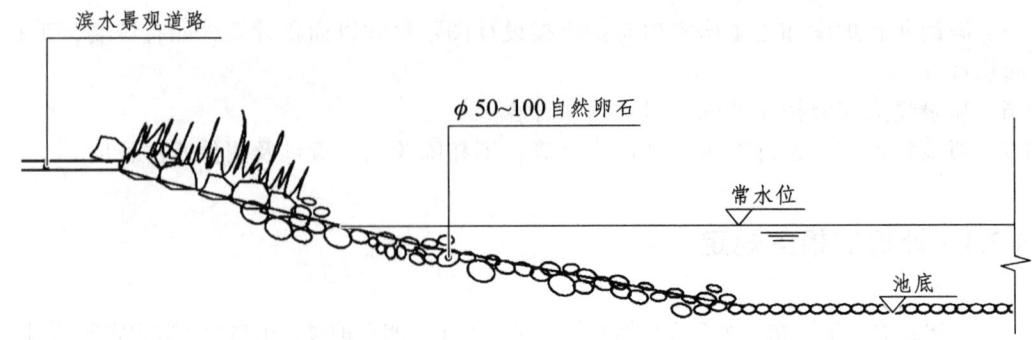

图 4.2　驳岸剖面

【解】（1）驳岸清单工程量计算为

护岸斜长：$L=3.5\times\dfrac{\sqrt{5}}{2}=3.91\ \text{m}$

护岸清单工程量：$S=1\ 360\times 3.91=5\ 321.84\ \text{m}^2$

（2）编制工程量清单见表 4.4。

表 4.4　驳岸工程量清单

序号	项目编码	项目名称	项目特征描述	计量单位	工程量
1	050202003001	满铺卵石护岸（自然护岸）	1. 护岸平均宽度为 3.5 m 2. 卵石粒径为 50～100 mm	m²	5 321.84

（3）驳岸清单项与定额项的匹配。

根据表 4.1 知本例中驳岸的工作内容包括：修边坡，铺卵石。再结合表 4.4 项目特征的描述，在计算本例驳岸工程的综合单价时，应匹配的定额项见表 4.5。

表 4.5　驳岸工程量清单项与定额项的匹配

清单项		定额项		
项目编码	项目名称	定额编号	项目名称	定额来源
050202003001	满铺卵石护岸（自然护岸）	4-2-163	满铺卵石护岸	《××省园林绿化工程计价标准》

（4）与驳岸清单分项相关的定额工程量计算。

$$S=5\ 321.84\ \text{m}^2=53.22\ (100\ \text{m}^2)$$

（5）拟套用的某省相关定额与估价见表 4.6。

表 4.6 驳岸相关定额与估价

工作内容：放线、调浆、抹水泥砂浆底层、铺面层、嵌缝、清扫。　　　　　计量单位：100 m²

定额编号				4-2-163
项目名称				满铺卵石护岸
基价/元				16 055.49
其中	人工费/元			13 421.45
	其中	定额人工费/元		11 184.54
		规费/元		2 236.91
	材料费/元			2 480.59
	机械费/元			153.45
	名称		单位	单价/元	数量
人工	综合工日 12		工日	154.44	86.904
材料	干混地面砂浆 DS M20		m³	362.98	5.400
	本色卵石		t	52.68	9.700
	水		m³	5.94	1.600
机械	干混砂浆罐式搅拌机 公称储量 20 000L		台班	284.17	0.540

（6）综合单价计算。

驳岸工程综合单价计算见表 4.7。

表 4.7 综合单价计算

序号	项目编码	项目名称	计量单位	定额编号	定额名称	定额单位	数量	清单综合单价组成明细								管理费 25.08%	利润 13.43%	风险 0%	综合单价/元
								单价/元				合价/元							
								人工费		材料费	机械费	人工费		材料费	机械费				
								定额人工费	规费			定额人工费	规费						
1	050202003001	满铺卵石护岸（自然护岸）	m²	4-2-163	满铺卵石护岸	100 m²	0.01	11 184.54	2 236.91	2 480.59	153.45	111.85	22.37	24.81	1.53	28.08	15.04		203.67
				小计								111.85	22.37	24.81	1.53	28.08	15.04		

（7）分部分项工程费计算。

驳岸项目分部分项工程费计算如表 4.8 所示。

表 4.8 分部分项工程清单与计价表

序号	项目编码	项目名称	项目特征	计量单位	工程量	金额/元						备注
						综合单价	合价	其中			暂估价	
								人工费		机械费		
								定额人工费	规费			
1	050202003001	满铺卵石护岸（自然护岸）	1.护岸平均宽度为 3.5m 2.卵石粒径为 50～100mm	m²	5 321.84	203.67	1 083 919.58	595 223.32	119 044.77	8 166.36		

【例4.2】 某公园广场有一喷泉水池,如图4.3所示。试计算其喷泉安装工程量、编制工程量清单并计算综合单价。

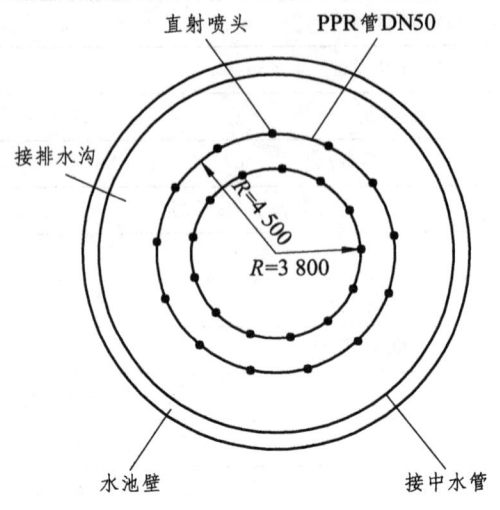

图4.3 喷泉管道示意

工程说明:

(1)喷泉管道采用PPR管材,主管DN50;接喷头支管DN25;连接均采用热熔连接;支管每根高度为0.5 m;阀门设于每根支管处,均采用球阀。

(2)喷泉管道离水池底面距离为0.3 m,采用型钢进行支设;喷头采用可调直流喷头。

(3)喷泉管道供水使用2台QY15-26-2.2型的潜水泵,功率为2.2 kW,设备质量为80 kg,采用球阀阀门。内圈喷泉管离泵坑1.2 m,外圈喷泉管离泵坑0.5 m,采用PPR管DN50连接。

(4)水池采用一台生化压力过滤器过滤水体。

(5)题中未说明之处,按国家现行施工及验收规范执行。

【解】 (1)喷泉管道清单工程量计算为:

DN50管道 $L_1 = 3.14 \times 4.5 \times 2 + 3.14 \times 3.8 \times 2 + 1.2 + 0.5 = 53.85$ m

DN25管道 $L_2 = 26 \times 0.5 = 13$ m

(2)编制工程量清单见表4.9。

表4.9 驳岸工程量清单

序号	项目编码	项目名称	项目特征描述	计量单位	工程量
1	050306001001	喷泉管道(DN50)	1. PPR管材,主管DN50,采用热熔连接 2. 采用型钢进行管道的架设 3. 连接潜水泵阀门用球阀	m	53.85
2	050306001002	喷泉管道(DN25)	1. PPR管材,支管DN25,采用热熔连接 2. 喷头用可调直流喷头,阀门用球阀	m	13
3	050306005001	喷泉设备(潜水泵)	QY15-26-2.2型潜水泵,功率为2.2 kW,设备质量为80kg	台	2
4	050306005002	喷泉设备(过滤器)	生化压力过滤器	台	1

（3）喷泉安装清单项与定额项的匹配。

根据表4.2知喷泉管道的工作内容包括：① 土石方挖运；② 管材、管件、阀门、喷头安装；③ 刷防护材料；④ 回填。喷泉设备的工作内容包括：① 设备安装；② 系统调试；③ 防护网安装。再结合表4.9项目特征的描述，在计算本例喷泉管道工程的综合单价时，应匹配的定额项见表4.10。

表4.10 喷泉安装工程量清单项与定额项的匹配

清单项		定额项			定额来源
项目编码	项目名称	序号	定额编号	项目名称	
050306001001	喷泉管道（DN50）	1	2-10-261	室外塑料给水管（热熔连接）DN50	《××省通用安装工程计价标准》《××省园林绿化工程计价标准》
		2	2-10-490（换）	螺纹阀门安装DN50	
050306001002	喷泉管道（DN25）	1	2-10-259（换）	室外塑料给水管（热熔连接）DN32	
		2	2-10-487（换）	螺纹阀门安装DN25	
		3	4-5-2	喷泉喷头螺纹连接DN25	
050306005001	喷泉设备（潜水泵）	1	2-1-726	设备质量0.2t以内单级离心泵安装	
050306005002	喷泉设备（过滤器）	1	2-10-1073	喷泉过滤器安装	

（4）与喷泉安装清单分项相关的定额工程量计算。

DN50 PPR给水管定额工程量为5.39（10 m）；

DN50以内球阀定额工程量为2个；

DN25 PPR给水管定额工程量为1.3（10 m）；

DN25以内球阀定额工程量为26个；

$\phi 25$可调直流喷头定额工程量为26个；

潜水泵安装定额工程量为2台；

喷泉过滤器安装定额工程量为1台。

（5）拟套用的某省相关定额与估价见表4.11~表4.15。

表4.11 喷泉安装相关定额与估价表（一）

工作内容：切管、组对、预热、熔接，管道及管件安装，水压试验及水冲洗等。　　　　　计量单位：10m

定额编号				2-10-259	2-10-261	2-10-263
项目名称				室外塑料给水管（热熔接口）		
				外径（mm以内）		
				32	50	75
其中	基价/元			89.48	107.79	123.87
	其中	人工费/元		87.88	105.49	120.54
		其中	定额人工费/元	73.24	87.91	100.45
			规费/元	14.64	17.58	20.09
	材料费/元			1.45	2.02	3.03
	机械费/元			0.15	0.28	0.30

续表

	名称	单位	单价/元	数量		
人工	综合工日13	工日	160.08	0.549	0.659	0.753
材料	塑料给水管	m	—	(10.200)	(10.200)	(10.200)
	塑料管热熔管件	个	—	(2.830)	(2.860)	(2.810)
	低碳钢焊条J422 φ3.2	kg	—	(0.002)	(0.002)	(0.002)
	锯条	根	0.82	0.078	0.127	0.241
	砂布	张	2.55	0.027	0.050	0.070
	电	kW·h	0.47	0.563	0.788	1.254
	热轧钢板δ8.0~15	kg	3.72	0.034	0.039	0.044
	氧气	m³	8.58	0.003	0.006	0.006
	乙炔气	m³	15.83	0.003	0.005	0.005
	水	m³	5.94	0.023	0.053	0.145
	橡胶板δ1~3	kg	9.58	0.008	0.010	0.011
	镀锌六角螺栓	kg	15.50	0.004	0.005	0.006
	螺纹阀门DN20	个	73.59	0.004	0.005	0.005
	焊接钢管DN20	m	5.09	0.015	0.016	0.019
	橡胶软管DN20	m	6.35	0.007	0.007	0.008
	弹簧压力表Y-1000~1.6MPa	块	22.80	0.002	0.002	0.003
	压力表表弯DN15	个	5.02	0.002	0.002	0.003
	其他材料费	元	1.00	0.100	0.100	0.100
机械	电焊机 容量：75kV·A	台班	109.58	0.001	0.002	0.002
	电动单级离心清水泵 出口直径：100mm	台班	26.23	0.001	0.001	0.002
	试压泵 压力：3kN	台班	14.57	0.001	0.002	0.002

表 4.12 喷泉安装相关定额与单位估价表节录（二）

工作内容：切管、套丝、阀门连接、水压试验等。　　　　　　　　　　　计量单位：个

		定额编号		2-10-487	2-10-490
		项目名称		螺纹阀门安装	
				公称直径（mm以内）	
				25	50
		基价/元		20.73	53.52
其中		人工费/元		15.85	41.14
	其中		定额人工费/元	13.21	34.28
			规费/元	2.64	6.86
		材料费/元		3.33	9.39
		机械费/元		1.55	2.99
	名称	单位	单价/元	数量	
人工	综合工日13	工日	160.08	0.099	0.257
材料	螺纹阀门	个	—	(1.010)	(1.010)
	低碳钢焊条J422 φ3.2	kg	—	(0.059)	(0.122)

续表

定额编号			2-10-487	2-10-490
	黑玛钢活接头	个	—	(1.010)	(1.010)
	黑玛钢六角内接头	个	—	(0.808)	(0.808)
	石棉橡胶板（低压）δ0.8~6	kg	8.21	0.004	0.010
	聚四氟乙烯生料带W20mm	m	0.33	1.884	3.768
	锯条	根	0.82	0.064	0.106
	尼龙砂轮片φ400	片	14.59	0.010	0.026
	镀锌六角螺栓	kg	15.50	0.036	0.200
	机油	kg	9.20	0.010	0.021
	压力表表弯DN15	kg	5.02	0.006	0.016
	弹簧压力表Y-1000~1.6MPa	块	22.80	0.006	0.016
	氧气	m³	8.58	0.048	0.099
	乙炔气	m³	15.83	0.040	0.083
	热轧钢板δ12-20	kg	3.71	0.031	0.105
	输水软管φ25	m	7.98	0.006	0.016
	螺纹阀门DN15	个	60.14	0.006	0.016
	无缝钢管φ22×2	m	4.73	0.003	0.008
	水	m³	5.94	0.001	0.001
	其他材料费	元	1.00	0.070	0.180
机械	电焊机 容量：75kV·A	台班	109.58	0.009	0.017
	砂轮切割机 直径：400mm	台班	38.35	0.003	0.006
	试压泵 压力：3kN	台班	14.57	0.006	0.016
	管子切断套丝机 管径：159mm	台班	17.72	0.020	0.038

表4.13 喷泉安装相关定额与单位估价表节录（三）

工作内容：开箱检验、定位、固定、调试。 计量单位：台

定额编号			2-10-1073
项目名称			喷泉过滤器安装
基价/元			442.32
其中	人工费/元		156.88
	其中	定额人工费/元	130.73
		规费/元	26.15
	材料费/元		285.44
	机械费/元		—
	名称	单位	单价/元	数量
人工	综合工日13	工日	160.08	0.980
材料	过滤器	个	—	(1.010)
	半圆头镀锌螺栓M2~5×15~50	10套	2.72	63.000
	镀锌扁钢支架40×3	kg	5.65	18.720
	零星材料	元	1.00	8.310

表4.14 喷泉安装相关定额与单位估价表节录（四）

工作内容：外观检查、清污、喷头安装等。

计量单位：套

定额编号				4-5-2
项目名称				喷泉喷头（螺纹连接）
				DN25
基价/元				15.56
其中	人工费/元			14.05
	其中	定额人工费/元		11.71
		规费/元		2.34
	材料费/元			1.51
	机械费/元			—
	名称	单位	单价/元	数量
人工	综合工日12	工日	154.44	0.091
材料	喷头	套	—	(1.000)
	镀锌活接头	个	—	(1.010)
	聚四氟乙烯生料带W20mm	m	0.33	0.942
	机油	kg	9.20	0.005
	其他材料	元	1.00	1.150

表4.15 喷泉安装相关定额与单位估价表节录（五）

计量单位：台

定额编号				2-1-726
项目名称				单级离心泵
				设备质量0.2t以内
基价/元				931.51
其中	人工费/元			843.14
	其中	定额人工费/元		702.62
		规费/元		140.52
	材料费/元			29.65
	机械费/元			58.72
	名称	单位	单价/元	数量
人工	综合工日13	工日	160.08	5.267
材料	平垫铁（综合）	kg	—	(4.500)
	斜垫铁（综合）	kg	—	(4.464)
	低碳钢焊条J422（综合）	kg	—	(0.100)
	热轧钢板δ1.6-1.9	kg	3.85	0.200
	木板	m³	2188.80	0.003
	煤油	kg	7.30	0.560
	机油	kg	9.20	0.410
	黄油钙基脂	kg	12.77	0.150
	氧气	m³	8.58	0.133
	乙炔气	m³	15.83	0.053
	砂纸	张	2.55	2.000
	紫铜板（综合）	kg	58.37	0.050
	金属滤网	m²	17.15	0.063
	石棉板衬垫	kg	4.69	0.125
	其他材料费	元	1.00	0.860
机械	叉式起重机　提升质量：5t	台班	543.87	0.100
	交流弧焊机　容量：21kV·A	台班	43.26	0.100

(6)经询价知当地相关未计价材料的价格见表4.16。

表4.16 相关未计价材料的价格

项次	材料品名、规格	计量单位	单价/元
1	塑料给水管（DN50）	m	40.00
2	塑料给水管（DN25）	m	25.00
3	塑料管热熔管件（DN50）	个	20.00
4	塑料管热熔管件（DN25）	个	8.00
5	低碳钢焊条J422 ϕ3.2	kg	45.00
6	球阀（DN50）	个	80.00
7	球阀（DN25）	个	65.00
8	黑玛钢活接头（DN50）	个	45.00
9	黑玛钢六角内接头（DN50）	个	18.00
10	黑玛钢活接头（DN25）	个	15.00
11	黑玛钢六角内接头（DN25）	个	12.00
12	过滤器	台	580.00
13	平垫铁（综合）	kg	10.00
14	斜垫铁（综合）	kg	12.00
15	低碳钢焊条J422（综合）	kg	50.00
16	镀锌活接头（DN25）	个	10.00
17	可调直流喷头	套	35.00

(7)拟套用定额材料费单价（增加未计价材料，换算后）计算如下。

2-10-261 DN50室外塑料给水管（热熔连接）定额材料费单价为

$$2.02+10.2\times40+2.86\times20+0.002\times45=467.31 \text{ 元/10m}$$

2-10-490（换）DN50以内螺纹阀门换球阀安装定额材料费单价为

$$9.39+1.01\times80+0.122\times45+1.01\times45+0.808\times18=155.67 \text{ 元/个}$$

2-10-259（换）DN32室外塑料给水管（热熔连接）换DN25定额材料费单价为

$$1.45+10.2\times25+2.83\times8+0.002\times45=279.18 \text{ 元/10m}$$

2-10-487（换）DN25以内螺纹阀门换球阀安装定额材料费单价为

$$3.33+1.01\times65+0.059\times45+1.01\times15+0.808\times12=96.48 \text{ 元/个}$$

4-5-2 喷泉喷头螺纹连接DN25安装定额材料费单价为

$$1.51+1\times35+1.01\times10=46.61$$

2-1-726 设备质量0.2t以内单级离心泵安装定额材料费单价为

$$29.65+4.5\times10+4.464\times12+0.1\times50=133.22 \text{ 元/台}$$

2-10-1073 喷泉过滤器安装定额材料费单价为

$$285.44+1.01\times580=871.24 \text{ 元/台}$$

(8)综合单价计算。

喷泉安装工程综合单价计算见表4.17。

(9)分部分项工程费计算。

喷泉安装项目分部分项工程费计算见表4.18。

表 4.17 综合单价计算表

综合单价组成明细

序号	项目编码	项目名称	计量单位	定额编号	定额名称	定额单位	数量	单价/元 人工费 定额人工费	单价/元 人工费 规费	单价/元 材料费	单价/元 机械费	合价/元 人工费 定额人工费	合价/元 人工费 规费	合价/元 材料费	合价/元 机械费	管理费	利润	风险费	综合单价/元
1	050306001002	喷泉管道(DN50)	m	2-10-261	室外塑料给水管(热熔连接)DN50	10m	0.1	87.91	17.58	467.31	0.28	8.79	1.76	46.73	0.03	25.08%	13.43%		68.61
				2-10-490(换)	螺纹阀门安装DN50	个	0.0371	34.28	6.86	155.67	2.99	1.27	0.25	5.78	0.11	2.21	1.18		
					小计							10.06	2.01	52.51	0.14	2.53	1.35		
2	050306001003	喷泉管道(DN25)	m	2-10-259(换)	室外塑料给水管(热熔连接)DN32	10m	0.1	73.24	14.64	279.18	0.15	7.32	1.46	27.92	0.02	1.84	0.98		407.91
				2-10-487(换)	螺纹阀门安装DN25	个	2	13.21	2.64	96.48	1.55	26.42	5.28	192.96	3.10	6.69	3.58		
				4-5-2	喷泉喷头螺纹连接DN25	套	2	11.71	2.34	46.61		23.42	4.68	93.22	0.00	5.87	3.15		
					小计							57.16	11.42	314.10	3.12	14.40	7.71		
3	050306005001	喷泉设备(潜水泵)	台	2-1-726	单级离心泵0.2t以内	台	1	702.62	140.52	133.22	58.72	702.62	140.52	133.22	58.72	177.40	94.99		1307.47
					小计							702.62	140.52	133.22	58.72	177.40	94.99		
4	050306005002	喷泉设备(过滤器)	台	2-10-1073	喷泉过滤器安装	台	1	130.73	26.15	871.24		130.73	26.15	871.24	0.00	32.79	17.56		1078.46
					小计							130.73	26.15	871.24	0.00	32.79	17.56		

表 4.18 分部分项工程清单与计价表

序号	项目编码	项目名称	项目特征	计量单位	工程量	综合单价	合价	定额人工费	规费	机械费	暂估价	备注
							金额/元					
								其中				
								人工费				
1	050202003001	满铺卵石护岸（自然护岸）	1.护岸平均宽度为 3.5m 2.卵石粒径为 50-100	m²	5 321.84	203.67	1 083 919.58	595 223.32	119 044.77	8 166.36		
2	050306001001	喷泉管道（DN50）	1.PPR管材,主管DN50,采用热熔连接 2.连接潜水泵阀门用球阀	m	53.85	68.61	3 694.58	541.96	108.39	7.49		
3	050306001002	喷泉管道（DN25）	1.PPR管材,支管DN25,采用热熔连接 2.喷头用可调直流喷头,阀门用球阀	m	13	407.91	5 302.87	743.13	148.51	0.00		
4	050306005001	喷泉设备（潜水泵）	QY15-26-2.2 型潜水泵,功率为 2.2kW	台	2	1 307.47	2 614.93	1 405.24	281.04	117.44		
5	050306005002	喷泉设备（过滤器）	生化压力过滤器	台	1	1 078.46	1 078.46	130.73	26.15	0.00		
		合计					1 096 610.42	598 044.38	119 608.86	8 291.29		

本章习题

1. 如图 4.4、图 4.5 所示为某小区水体景观施工图，采用仿自然式驳岸，其驳岸线长为 1 300 m，坡度为 1∶1，采用黄石砌筑。试计算其驳岸工程量、编制工程量清单并计算综合单价（定额参照当地发布的定额进行计算，见表 4.19）。

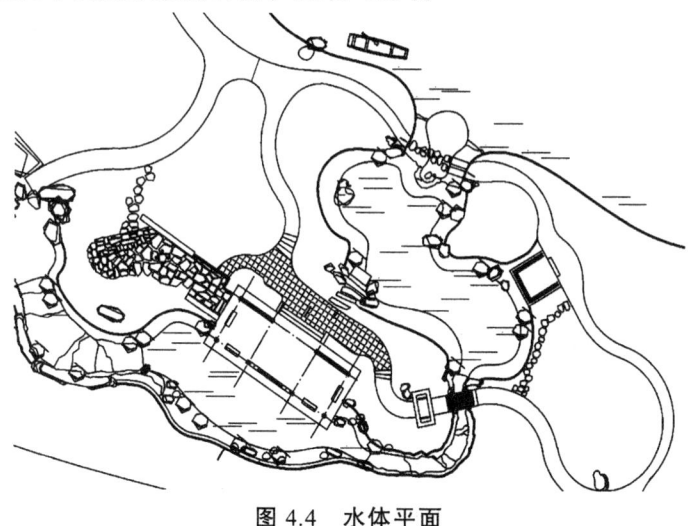

图 4.4 水体平面

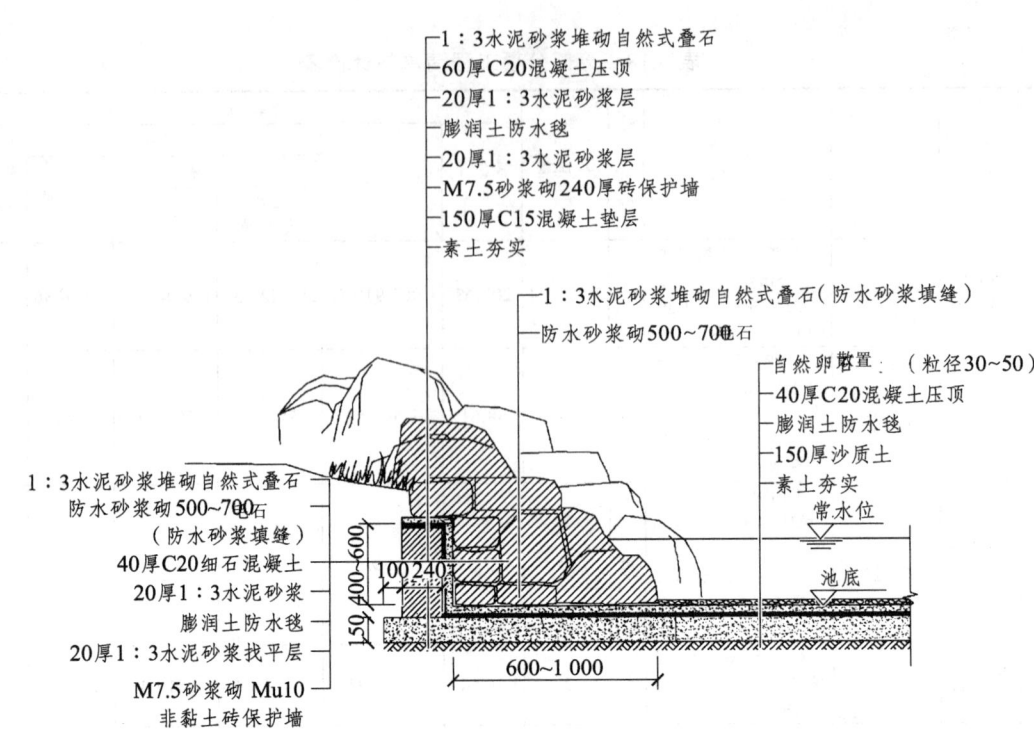

图 4.5 驳岸剖面

表 4.19 ××省驳岸相关定额与估价表节录

工作内容：放线、调浆、抹水泥砂浆底层、铺面层、嵌缝、清扫。　　　　　　　　计量单位：t

定额编号					4-2-160	4-2-161	4-2-162	4-2-164	4-2-165
项目名称					自然式驳岸	自然式护岸		池底散铺卵石	
						浆铺	干铺	浆铺	干铺
基价/元					520.26	514.30	442.72	220.05	96.66
其中		人工费/元			229.96	219.30	158.92	131.27	42.93
	其中	定额人工费/元			191.63	182.75	132.43	109.40	35.78
		规费/元			38.33	36.55	26.49	21.87	7.15
	材料费/元				283.57	288.75	269.05	73.43	53.73
	机械费/元				6.73	6.25	14.75	15.35	—
	名称		单位	单价/元	数量				
人工	综合工日 12		工日	154.44	1.489	1.420	1.029	0.850	0.278
材料	自然石		t	258.70	1.020	1.040	1.040	—	—
	干混地面砂浆 DS M20		m³	362.98	0.054	0.054	—	0.054	—
	卵石		t	52.68	—	—	—	1.020	1.020
	水		m³	5.94	0.016	0.016	—	0.016	—
机械	干混砂浆罐式搅拌机 公称储量 20 000L		台班	284.17	0.009	0.009	—	0.054	—
	汽车式起重机 提升质量：5t		台班	737.73	—	0.005	0.020	—	—
	汽车式起重机 提升质量：8t		台班	834.26	0.005	—	—	—	—

2. 某小区主入口圆形广场，有一圆形喷泉水池，如图4.6所示。试计算其喷泉安装工程量、编制工程量清单并计算综合单价（定额参照当地发布的定额进行计算）。

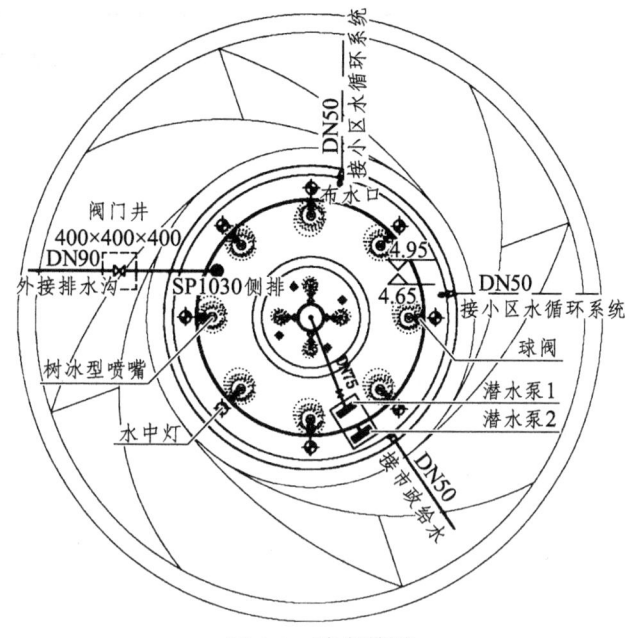

图4.6 喷泉管道

工程说明：

（1）喷泉管道采用PPR管材，主管DN50；接喷头支管DN25；连接均采用热熔连接；支管每根长度为0.5 m；阀门设于每根支管处，均采用球阀。

（2）喷泉管道离水池底面距离为0.3 m，采用型钢进行支设；喷头采用树冰型喷头。

（3）喷泉管内圈半径为1 m，外圈半径为7.5 m。内圈为抬高水台，其高度为6 m。

（4）喷泉供水使用2台潜水泵，QY65/20-2.2型的潜水泵1功率为2.2 kW，QY120/20-5型的潜水泵2功率为5 kW，设备质量为80 kg。内圈喷泉管离泵坑7 m，外圈喷泉管离泵坑0.5 m，采用PPR管DN75连接。

（5）水池采用一台生化压力过滤器过滤水体。

（6）水中灯参数为12 V、100 W。

（7）题中未说明之处，按国家现行施工及验收规范执行。

第 5 章 园林景观工程

教学要求：

- 熟悉园林景观（园林小品）工程清单分项的划分标准；
- 掌握园林景观（园林小品）工程的工程量计算规则；
- 掌握园林景观（园林小品）工程的综合单价计算方法。

本章主要讨论园林景观工程的园林小品项目划分、工程量计算和综合单价计算问题。

5.1 项目划分

5.1.1 清单项目划分

1. 规范中的清单项目划分

《园林绿化工程工程量计算规范》（GB 50858—2013）将园林景观（园林小品）工程划分为原木、竹构件，亭廊屋面，花架，园林桌椅，杂项等项目，具体分项见表 5.1 ~ 表 5.5。

表 5.1 原木、竹构件（编码：050302）

项目编码	项目名称	项目特征	计量单位	工程量计算规则	工程内容
050302001	原木（带树皮）柱、梁、檩、椽	1. 原木种类 2. 原木直（梢）径（不含树皮厚度） 3. 墙龙骨材料种类、规格 4. 墙底层材料种类、规格 5. 构件联结方式 6. 防护材料种类	m	按设计图示尺寸以长度计算（包括榫长）	1. 构件制作 2. 构件安装 3. 刷防护材料
050302002	原木（带树皮）墙		m²	按设计图示尺寸以面积计算（不包括柱、梁）	
050302003	树枝吊挂楣子			按设计图示尺寸以框外围面积计算	
050302004	竹柱、梁、檩、椽	1. 竹种类 2. 竹直（梢）径 3. 连接方式 4. 防护材料种类	m	按设计图示尺寸以长度计算	

续表

项目编码	项目名称	项目特征	计量单位	工程量计算规则	工程内容
050302005	竹编墙	1. 竹种类 2. 墙龙骨材料种类、规格 3. 墙底层材料种类、规格 4. 防护材料种类	m²	按设计图示尺寸以面积计算（不包括柱、梁）	1. 构件制作 2. 构件安装 3. 刷防护材料
050302006	竹吊挂楣子	1. 竹种类 2. 竹梢径 3. 防护材料种类	m²	按设计图示尺寸以框外围面积计算	1. 构件制作 2. 构件安装 3. 刷防护材料

表 5.2 亭廊屋面（编码：050303）

项目编码	项目名称	项目特征	计量单位	工程量计算规则	工程内容
050303001	草屋面	1. 屋面坡度 2. 铺草种类 3. 竹材种类 4. 防护材料种类	m²	按设计图示尺寸以斜面计算	1. 整理、选料 2. 屋面铺设 3. 刷防护材料
050303002	竹屋面		m²	按设计图示尺寸以实铺面积计算（不包括柱、梁）	
050303003	树皮屋面		m²	按设计图示尺寸以屋面结构外围面积计算	
050303004	油毡瓦屋面	1. 冷底子油品种 2. 冷底子油涂刷遍数 3. 油毡瓦颜色规格	m²	按设计图示尺寸以斜面计算	1. 清理基层 2. 材料裁接 3. 刷油 4. 铺设
050303005	预制混凝土穹顶	1. 穹顶弧长、直径 2. 肋截面尺寸 3. 板厚 4. 混凝土强度等级 5. 拉杆材质、规格	m³	按设计图示尺寸以体积计算，混凝土脊和穹顶的肋、基梁并入屋面体积	1. 模板制作、运输、安装、拆除、保养 2. 混凝土制作、运输、浇筑、振捣、养护 3. 构件制作、运输 4. 砂浆制作、运输 5. 接头灌缝、养护
050303006	彩色压型钢板（夹芯板）攒尖亭屋面板	1. 屋面坡度 2. 穹顶弧长、直径 3. 彩色压型钢板（夹芯板）品种、规格 4. 拉杆材质、规格 5. 嵌缝材料种类 6. 防护材料种类	m²	按设计图示尺寸以实铺面积计算	1. 压型板安装 2. 护角、包角、泛水安装 3. 嵌缝 4. 刷防护材料
050303007	彩色压型钢板（夹芯板）穹顶				
050303008	玻璃屋面	1. 屋面坡度 2. 龙骨材质、规格 3. 玻璃材质、规格 4. 防护材料种类			1. 制作 2. 安装 3. 运输
050303009	木（防腐木）屋面	1. 木（防腐木）种类 2. 防护层处理			1. 制作 2. 安装 3. 运输

表 5.3 花架（编码：050304）

项目编码	项目名称	项目特征	计量单位	工程量计算规则	工程内容
050304001	现浇混凝土花架柱、梁	1. 柱截面、高度、根数 2. 盖梁截面、高度、根数 3. 连系梁截面、高度、根数 4. 混凝土强度等级	m³	按设计图示尺寸以体积计算	1. 模板制作、运输、安装、拆除、保养 2. 混凝土制作、运输、浇筑、振捣、养护
050304002	预制混凝土花架柱、梁	1. 柱截面、高度、根数 2. 盖梁截面、高度、根数 3. 连系梁截面、高度、根数 4. 混凝土强度等级 5. 砂浆配合比	m³	按设计图示尺寸以体积计算	1. 模板制作、运输、安装、拆除、保养 2. 混凝土制作、运输、浇筑、振捣、养护 3. 构件制作、运输 4. 砂浆制作、运输 5. 接头灌缝、养护
050304003	金属花架柱、梁	1. 钢材品种、规格 2. 柱、梁截面 3. 油漆品种、刷漆遍数	t	按设计图示尺寸以质量计算	1. 制作、运输 2. 安装 3. 油漆
050304004	木花架柱、梁	1. 木材种类 2. 柱、梁截面 3. 连接方式 4. 防护材料种类	m³	按设计图示截面乘长度（包括榫长），以体积计算	1. 构件制作、运输、安装 2. 刷防护材料、油漆
050304005	竹花架柱、梁	1. 竹种类 2. 竹胸径 3. 油漆品种、刷漆遍数	1. m 2. 根	1. 以长度计量，按设计图示花架构件尺寸以延长米计算 2. 以根计量，按图示花架柱、梁数量计	1. 制作 2. 运输 3. 安装 4. 油漆

表 5.4 园林桌椅（编码：050305）

项目编码	项目名称	项目特征	计量单位	工程量计算规则	工程内容
050305001	预制钢筋混凝土飞来椅	1. 座凳面厚度、宽度 2. 靠背扶手截面 3. 靠背截面 4. 座凳楣子形状、尺寸 5. 混凝土强度等级 6. 砂浆配合比	m	按设计图示尺寸以座凳面中心线长度计算	1. 模板制作、运输、安装、拆除、保养 2. 混凝土制作、运输、浇筑、振捣、养护 3. 构件运输、安装 4. 砂浆制作、运输、抹面、养护 5. 接头灌缝、养护
050305002	水磨石飞来椅	1. 座凳面厚度、宽度 2. 靠背扶手截面 3. 靠背截面 4. 座凳楣子形状、尺寸 5. 砂浆配合比			1. 砂浆制作、运输 2. 制作 3. 运输 4. 安装

续表

项目编码	项目名称	项目特征	计量单位	工程量计算规则	工程内容
050305003	竹制飞来椅	1. 竹材种类 2. 座凳面厚度、宽度 3. 靠背扶手截面 4. 靠背截面 5. 座凳楣子形状 6. 铁件尺寸、厚度 7. 防护材料种类	m	按设计图示尺寸以座凳面中心线长度计算	1. 座凳面、靠背扶手、靠背、楣子制作、安装 2. 铁件安装 3. 刷防护材料
050305004	现浇混凝土桌凳	1. 桌凳形状 2. 基础尺寸、埋设深度 3. 桌面尺寸、支墩高度 4. 凳面尺寸、支墩高度 5. 混凝土强度等级、砂浆配合比	个	按设计图示数量计算	1. 模板制作、运输、安装、拆除、保养 2. 混凝土制作、运输、浇筑、振捣、养护 3. 砂浆制作、运输
050305005	预制混凝土桌凳	1. 桌凳形状 2. 基础形状、尺寸、埋设深度 3. 桌面形状、尺寸、支墩高度 4. 凳面尺寸、支墩高度 5. 混凝土强度等级 6. 砂浆配合比			1. 模板制作、运输、安装、拆除、保养 2. 混凝土制作、运输、浇筑、振捣、养护 3. 构件运输、安装 4. 砂浆制作、运输、抹面、养护 5. 接头灌缝、养护
050305006	石桌石凳	1. 石材种类 2. 基础形状、尺寸、埋设深度 3. 桌面形状、尺寸、支墩高度 4. 凳面尺寸、支墩高度 5. 混凝土强度等级 6. 砂浆配合比			1. 土方挖运 2. 桌凳制作 3. 桌凳运输 4. 桌凳安装 5. 砂浆制作、运输
050305007	水磨石桌凳	1. 基础形状、尺寸、埋设深度 2. 桌面形状、尺寸、支墩高度 3. 凳面尺寸、支墩高度 4. 混凝土强度等级 5. 砂浆配合比			1. 桌凳制作 2. 桌凳运输 3. 桌凳安装 4. 砂浆制作、运输
050305008	塑树根桌凳	1. 桌凳直径 2. 桌凳高度 3. 砖石种类 4. 砂浆强度等级、配合比 5. 颜料品种、颜色			1. 砂浆制作、运输 2. 砖石砌筑 3. 塑树皮 4. 绘制木纹
050305009	塑树节椅				
050305010	塑料、铁艺、金属椅	1. 木座板面截面 2. 座椅规格、颜色 3. 混凝土强度等级 4. 防护材料种类			1. 制作 2. 安装 3. 刷防护材料

表 5.5 杂项（编码：050307）

项目编码	项目名称	项目特征	计量单位	工程量计算规则	工程内容
050307001	石灯	1. 石料种类 2. 石灯最大截面 3. 石灯高度 4. 砂浆配合比	个	按设计图示数量计算	1. 制作 2. 安装
050307002	石球	1. 石料种类 2. 球体直径 3. 砂浆配合比	个	按设计图示数量计算	1. 制作 2. 安装
050307003	塑仿石音箱	1. 音箱石内空尺寸 2. 铁丝型号 3. 砂浆配合比 4. 水泥漆颜色	个	按设计图示数量计算	1. 胎模制作、安装 2. 铁丝网制作、安装 3. 砂浆制作、运输 4. 喷水泥漆 5. 埋置仿石音箱
050307004	塑树皮梁、柱	1. 塑树种类 2. 塑竹种类 3. 砂浆配合比 4. 喷字规格、颜色 5. 油漆品种、颜色	1. m² 2. m	1. 以平方米计量，按设计图示尺寸以梁柱外表面积计算 2. 以米计量，按设计图示尺寸以构件长度计算	1. 灰塑 2. 刷涂颜料
050307005	塑竹梁、柱				
050307006	铁艺栏杆	1. 铁艺栏杆高度 2. 铁艺栏杆单位长度重量 3. 防护材料种类	m	按设计图示尺寸以长度计算	1. 铁艺栏杆安装 2. 刷防护材料
050307007	塑料栏杆	1. 栏杆高度 2. 塑料种类	m	按设计图示尺寸以长度计算	1. 下料 2. 安装 3. 校正
050307008	钢筋混凝土艺术围栏	1. 围栏高度 2. 混凝土强度等级 3. 表面涂敷材料种类	1. m² 2. m	按设计图示尺寸以面积计算	1. 制作 2. 运输 3. 安装 4. 砂浆制作、运输 5. 接头灌缝、养护
050307009	标志牌	1. 材料种类、规格 2. 镌字规格、种类 3. 喷字规格、颜色 4. 油漆品种、颜色	个	按设计图示数量计算	1. 选料 2. 标志牌制作 3. 雕凿 4. 镌字、喷字 5. 运输、安装 6. 刷油漆

续表

项目编码	项目名称	项目特征	计量单位	工程量计算规则	工程内容
050307010	景墙	1. 土质类别 2. 垫层材料种类 3. 基础材料种类、规格 4. 墙体材料种类、规格 5. 墙体厚度 6. 混凝土、砂浆强度等级、配合比 7. 饰面材料种类	1. m³ 2. 段	1. 以立方米计量，按设计图示尺寸以体积计算 2. 以段计量，按设计图示尺寸以数量计算	1. 土（石）方挖运 2. 垫层、基础铺设 3. 墙体砌筑 4. 面层铺贴
050307011	景窗	1. 景窗材料品种、规格 2. 混凝土强度等级 3. 砂浆强度等级、配合比 4. 涂刷材料品种	m²	按设计图示尺寸以面积计算	1. 制作 2. 运输 3. 砌筑安放 4. 勾缝 5. 表面涂刷
050307012	花饰	1. 花饰材料品种、规格 2. 砂浆配合比 3. 涂刷材料品种			
050307013	博古架	1. 博古架材料品种、规格 2. 混凝土强度等级 3. 砂浆配合比 4. 涂刷材料品种	1. m² 2. m 3. 个	1. 以平方米计量，按设计图示尺寸以面积计算 2. 以米计量，按设计图示尺寸以延长米计算 3. 以个计量，按设计图示尺寸以数量计算	1. 制作 2. 运输 3. 砌筑安放 4. 勾缝 5. 表面涂刷
050307014	花盆（坛、箱）	1. 花盆(坛)的材质及类型 2. 规格尺寸 3. 混凝土强度等级 4. 砂浆配合比	个	按设计图示尺寸以数量计算	1. 制作 2. 运输 3. 安放
050307015	摆花	1. 花盆(钵)的材质及类型 2. 花卉品种与规格	1. m² 2. 个	1. 以平方米计量，按设计图示尺寸以水平投影面积计算 2. 以个计量，按设计图示数量计算	1. 搬运 2. 安放 3. 养护 4. 撤收

续表

项目编码	项目名称	项目特征	计量单位	工程量计算规则	工程内容
050307016	花池	1. 土质类别 2. 池壁材料种类、规格 3. 混凝土、砂浆强度等级、配合比 4. 饰面材料种类	1. m³ 2. m 3. 个	1. 以立方米计量，按设计图示尺寸以体积计算 2. 以米计量，按设计图示尺寸以池壁中心线处延长米计算 3. 以个计量，按设计图示数量计算	1. 垫层铺设 2. 基础砌（浇）筑 3. 墙体砌（浇）筑 4. 面层铺贴
050307017	垃圾箱	1. 垃圾箱材质 2. 规格尺寸 3. 混凝土强度等级 4. 砂浆配合比	个	按设计图示尺寸以数量计算	1. 制作 2. 运输 3. 安放
050307018	砖石砌小摆设	1. 砖种类、规格 2. 石种类、规格 3. 砂浆强度等级、配合比 4. 石表面加工要求 5. 勾缝要求	1. m³ 2. 个	1. 以立方米计量，按设计图示尺寸以体积计算 2. 以个计量，按设计图示尺寸以数量计算	1. 砂浆制作、运输 2. 砌砖、石 3. 抹面、养护 4. 勾缝 5. 石表面加工
050307019	其他景观小摆设	1. 名称及材质 2. 规格尺寸	个	按设计图示尺寸以数量计算	1. 制作 2. 运输 3. 安放
050307020	柔性水池	1. 水池深度 2. 防水（漏）材料品种	m²	按设计图示尺寸以水平投影面积计算	1. 清理基层 2. 材料裁接 3. 铺设

2. 清单列项的相关说明

（1）木构件连接方式应包括：开榫连接、铁件连接、扒钉连接、铁钉连接。

（2）竹构件连接方式应包括：竹钉固定、竹篾绑扎、铁丝连接。

（3）柱顶石（磉蹬石）、钢筋混凝土屋面板、钢筋混凝土亭屋面板、木柱、木屋架、钢柱、钢屋架、屋面木基层和防水层等，应按现行国家标准《房屋建筑与装饰工程工程量计算规范》（GB 50854）中相关项目编码列项。

（4）膜结构的亭、廊，应按现行国家标准《仿古建筑工程工程量计算规范》（GB 50855）及《房屋建筑与装饰工程工程量计算规范》（GB 50854）中相关项目编码列项。

（5）花架基础、玻璃天棚、表面装饰及涂料项目应按现行国家标准《房屋建筑与装饰工程工程量计算规范》（GB 50854）中相关项目编码列项。

（6）木制飞来椅按现行国家标准《仿古建筑工程工程量计算规范》（GB 50855）中相关项目编码列项。

（7）砌筑果皮箱、放置盆景的须弥座等，应按砖石砌小摆设项目编码列项。

（8）混凝土构件中的钢筋项目应按现行国家标准《房屋建筑与装饰工程工程量计算规范》（GB 50854）中相应项目编码列项。

（9）石浮雕、石镌字应按现行国家标准《仿古建筑工程工程量计算规范》（GB 50855）附录B中相应项目编码列项。

5.1.2 定额项目划分

园林景观（园林小品）工程按工程类型进行定额项目划分，包括装饰、园林小摆设、栏杆、石材压顶、桌椅安装、城市雕塑艺术、其他杂项等部分，各部分又按使用的材料品种划分子项；其分类见表5.6。

表5.6 定额项目分类

类别	按类型分	按材料分	包括的主要项目
园林小品	装饰	塑松（杉）树皮	面层装饰
		塑松树根	以直径150 mm为界线划分
		塑竹	以直径150 mm为界线划分
		塑藤条	按直径划分
	园林小摆设	砖砌	摆设的制安
			摆设的抹灰
	花架小品	混凝土	混凝土花架零星构件及安装
	栏杆安装	混凝土	按高度划分
		金属	金属栏杆的安装
		塑料	塑料栏杆的安装
	石材压顶	花岗岩	厚50 mm和厚100 mm以内的石材
	桌椅安装	石质、混凝土	条椅安装，有靠背与无靠背划分
			一桌四凳一套安装
		木质	条椅，有靠背与无靠背划分
			飞来椅，鹅颈靠背与花靠背划分
		铸铁	条椅，有靠背与无靠背划分
		整石	坐凳安装
	城市雕塑艺术	石膏	制模定样，平浮雕、浅浮雕、高浮雕、圆雕划分
		树脂	
		合金铝	锻造、铸造，平浮雕、浅浮雕、高浮雕、圆雕划分
		高分子树脂	
		不锈钢	
		钢板	
		铜	
		石浮雕	立体圆雕
		艺术彩绘	按复杂程度划分
	其他杂项	景石墙	景石墙浆砌、干砌
		成品安装	花窗、石球、石灯、仿石音箱安装划分

5.2 工程量计算规则

5.2.1 清单规则

清单计量规则详见表 5.1~表 5.5 中的相关规定。

5.2.2 定额规则

（1）塑树皮按展开面积计算。塑树根、竹、藤条按延长米计算。

（2）砖石砌小摆设按设计图示尺寸以体积计算，抹灰按设计图示尺寸以面积计算。

（3）混凝土栏杆、金属栏杆按设计图示尺寸以延长米计算。塑料栏杆按设计图示尺寸以面积计算。

（4）条凳按图示尺寸以延长米计算。整石座凳按设计图示尺寸以体积计算。

（5）木制飞来椅按设计图示凳面中心线长度以延长米计算。

（6）花瓦什锦窗按设计图示尺寸以窗框外围面积计算。钢网围墙安装按设计图示尺寸以面积计算。

（7）石球、石灯笼、仿石音箱、石花盆及垃圾桶按数量计算。

（8）砌景石墙按设计图示尺寸以体积计算。混凝土花架柱、梁、檩及混凝土零星构件的制作、安装均按设计图示尺寸以体积计算。

（9）厚 100 mm 以内的石材压顶，按设计图示尺寸以面积计算。

5.2.3 计价的相关规定

（1）园林小摆设系指各种仿匾额、花瓶、花盆、石鼓、座凳及小型水盆、花坛池、花架预制件。

（2）混凝土栏杆、金属栏杆、塑料栏杆等按成品安装考虑。

（3）园林桌椅除飞来椅外，均采用成品安装。飞来椅鹅颈靠背包括竖条芯靠背，花靠背包括宫万式、葵式等。

（4）杂项小品均按成品考虑。

（5）城市雕塑艺术的相关内容详见地方园林绿化工程计价标准。

5.3 计算实例

【例 5.1】 某小区入口景观墙如图 5.1~图 5.4 所示。试求其景墙部分相应工程量、编制工程量清单并计算综合单价。（注：例题中未作说明者土质均为三类土质）

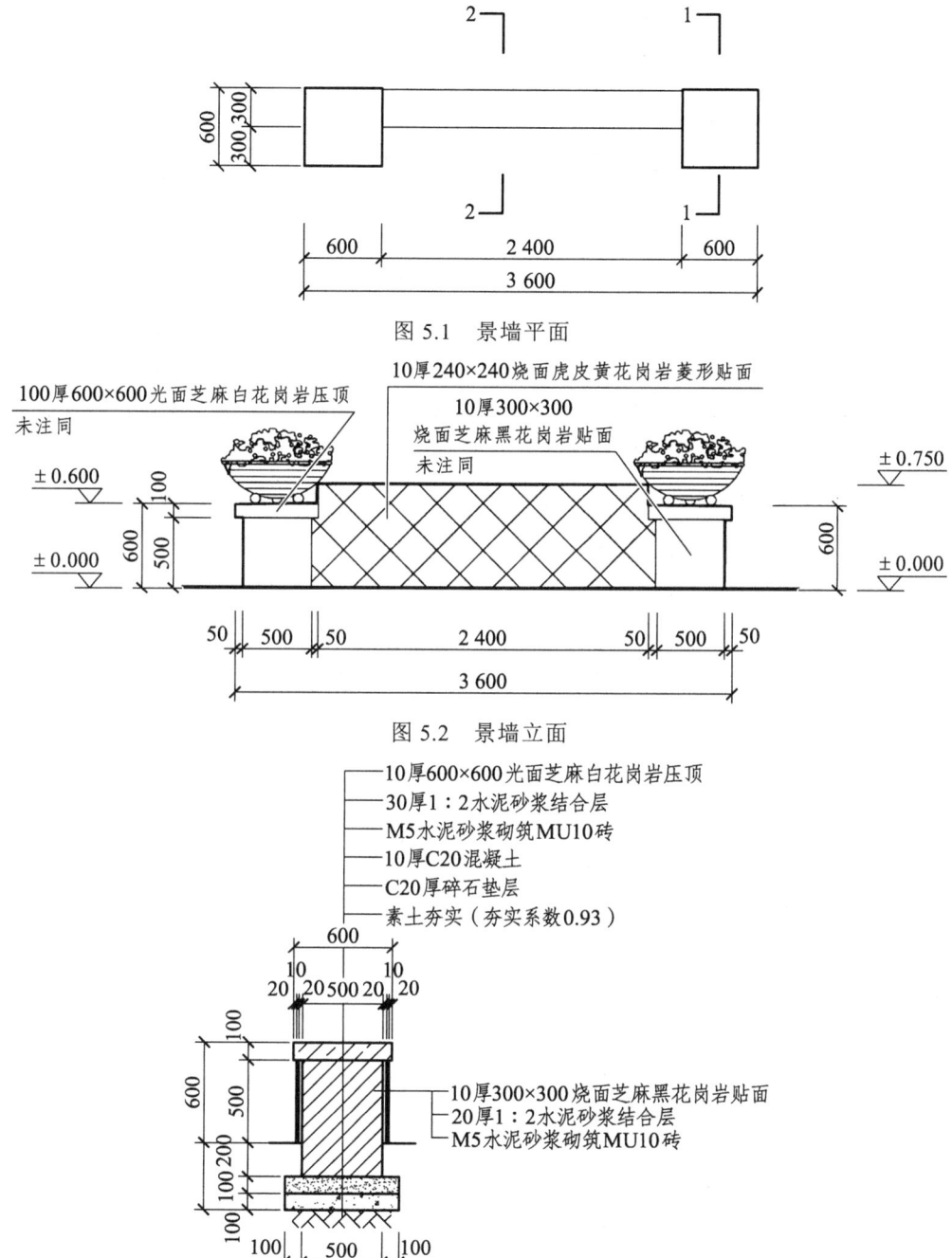

图 5.1 景墙平面

图 5.2 景墙立面

图 5.3 景墙 1—1 剖面

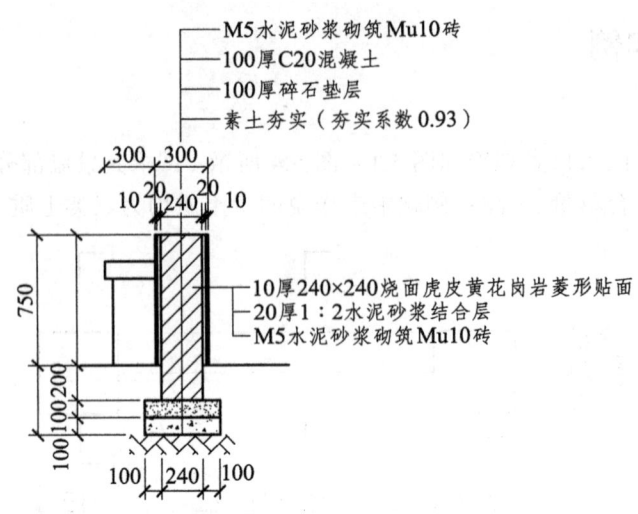

图 5.4 景墙 2—2 剖面

【解】（1）景墙清单工程量计算。

根据图纸内容以及清单规定，该例需列景墙及砖石砌小摆设，其中景墙清单工程量"按设计图示尺寸以体积计算或者按设计图示尺寸以数量段计算"，砖石砌小摆设清单工程量"按设计图示尺寸以体积计算或者按设计图示尺寸以数量计算"。

景墙清单量：$V_1 = 0.24 \times 2.4 \times 0.75 + 0.05 \times 0.24 \times 0.5 \times 2 = 0.444 m^3$

砖石砌小摆设清单量：$V_2 = 0.5 \times 0.5 \times 0.5 \times 2 = 0.25 m^3$

（2）编制工程量清单如表 5.7 所示。

表 5.7 景墙工程量清单

序号	项目编码	项目名称	项目特征描述	计量单位	工程量
1	050307010001	景墙	1. 土质类别：三类土质 2. 碎石垫层灌浆 3. C20 混凝土基础 4. MU10 砖墙体，240 厚墙体，M5 水泥砂浆砌筑 5. 1:2 水泥砂浆结合层厚 30 6. 10 厚 240×240 烧面虎皮黄花岗岩菱形贴面	m³	0.444
2	050307018001	砖石砌小摆设	1. MU10 砖，M5 水泥砂浆砌筑 2. 1:2 水泥砂浆结合层厚 20，10 厚 300×300 烧面芝麻黑花岗岩贴面 3. 1:2 水泥砂浆结合层厚 30，100 厚 600×600 光面芝麻白花岗岩压顶	m³	0.25

（3）景墙清单项与定额项的匹配。

根据表 5.5 知景墙的工作内容包括：① 土（石）方挖运；② 垫层、基础铺设；③ 墙体砌筑；④ 面层铺贴。砖石砌小摆设的工作内容包括：① 砂浆制作、运输；② 砌砖、石；③ 抹面、养护；④ 勾缝；⑤ 石表面加工。再结合表 5.7 项目特征的描述，在计算本例景墙分项工程的综合单价时,应匹配的定额项见表5.8。

表5.8 景墙清单项与定额项的匹配

清单项		定额项			
项目编码	项目名称	序号	定额编号	项目名称	定额来源
050307010001	景墙	1	1-1-4	人工挖沟槽土方	《××省建筑工程计价标准》
		2	1-1-146	人工填土夯实	
		3	4-2-9	灌浆碎石垫层	《××省园林绿化工程计价标准》
		4	4-2-13	混凝土垫层	
		5	1-4-1（换）	砖基础	《××省建筑工程计价标准》
		6	1-4-10（换）	一砖混水砖墙	
		7	1-12-94（换）	面砖 0.06m² 以内预拌砂浆墙面	
050307018001	砖石砌小摆设	1	4-3-41（换）	砖石砌小摆设	《××省园林绿化工程计价标准》
		2	4-3-60（换）	厚100mm以内花岗岩压顶	
		3	1-12-96（换）	面砖 0.64m² 以内预拌砂浆墙面	《××省建筑工程计价标准》

（4）定额工程量计算。

① 与景墙清单分项相关的定额工程量计算如下：

人工挖沟槽土方定额工程量：[（3.5+0.15×2）×（0.5+0.15×2）-（0.7-0.44）×（2.5-0.15×2）]×0.4=0.987m³=0.009 87（100m³）

灌浆碎石垫层定额工程量：[（3.5+0.05×2）×（0.5+0.05×2）-（0.7-0.44）×（2.5-0.05×2）]×0.1=0.154m³=0.015 4（10m³）

混凝土垫层定额工程量：[（3.5+0.05×2）×（0.5+0.05×2）-（0.7-0.44）×（2.5-0.05×2）]×0.1=0.154m³=0.015 4（10m³）

砖基础定额工程量：[3.5×0.5-（0.7-0.44）×2.5]×0.2=0.22m³=0.022（10m³）

人工填土夯实定额工程量：0.987-0.154-0.154-0.22=0.459m³=0.004 59（100m³）

一砖混水砖墙定额工程量：0.24×2.4×0.75+0.05×0.24×0.5×2=0.444m³=0.044 4（10m³）

面砖 0.06 m² 以内预拌砂浆墙面贴面定额工程量：(2.5×0.5+2.4×0.25)×2=3.7m²=0.037（100 m²）

② 与砖石砌小摆设清单分项相关的定额工程量计算如下：

砖石砌小摆设定额工程量：0.5×0.5×0.5×2=0.25m³=0.025（10 m³）

厚100mm以内花岗岩压顶定额工程量：0.6×0.6×2=0.72m²

面砖 0.64m² 以内预拌砂浆墙面贴面定额工程量：0.5×0.5×6+0.5×(0.5-0.24)×2=1.76m²=0.017 6（100 m²）

（5）相关定额与单位估价表。

拟套用的某省相关定额与单位估价见表 2.17、表 2.18、表 3.6 及表 5.9 ~ 表 5.12。

表 5.9 景墙相关定额与单位估价表节录（一）

工作内容：砖基础：清理基槽坑，调、运、铺砂浆，运、砌砖等。
砖墙：调、运、铺砂浆，运、砌砖，安放木砖、垫块。　　　　　　　　计量单位：10 m³

定额编号					1-4-1	1-4-4	1-4-5	1-4-10	1-4-11
项目名称					砖基础	单面清水砖墙		混水砖墙	
						1 砖	1 砖半	1 砖	1 砖半
基价/元					4 510.16	5 134.64	5 015.60	4 727.32	4 695.91
其中	人工费/元				1 518.76	2 143.78	1 991.50	1 737.60	1 671.81
	其中	定额人工费/元			1 265.64	1 786.48	1 659.59	1 448.00	1 393.18
		规费/元			253.12	357.30	331.91	289.60	278.63
	材料费/元				2 923.20	2 924.93	2 954.76	2 924.93	2 954.76
	机械费/元				68.20	65.93	69.34	64.79	69.34
		名称	单位	单价/元	数量				
人工	综合工日 12		工日	154.44	9.834	13.881	12.895	11.251	10.825
材料	标准砖 240×115×53		千块	383.04	5.262	5.337	5.290	5.337	5.290
	干混普通砌筑砂浆 DM M10		m³	375.74	2.399	2.313	2.440	2.313	2.440
	水		m³	5.60	1.050	11.060	1.070	1.060	1.070
	其他材料费		元	1.00	—	5.260	5.310	5.260	5.310
机械	干混砂浆罐式搅拌机 公称储量：20 000 L		台班	284.17	0.240	0.232	0.244	0.228	0.244

表 5.10 景墙相关定额与单位估价表节录（二）

工作内容：清理基层、调配砂浆、刷素水泥浆、铺贴块料、清理净面等。　　　　　　　　计量单位：m²

定额编号					4-3-59	4-3-60
项目名称					石材压顶	
					厚 50 mm 以内	厚 100 mm 以内
基价/元					182.67	204.57
其中	人工费/元				44.47	64.95
	其中	定额人工费/元			37.06	54.12
		规费/元			7.41	10.83
	材料费/元				136.78	136.78
	机械费/元				1.42	2.84
		名称	单位	单价/元	数量	
人工	综合工日 09		工日	146.28	0.304	0.444
材料	石质块料		m²	114.00	1.010	1.010
	干混普通砌筑砂浆 DM M10		m³	375.74	0.054	0.054
	其他材料费		元	1.00	3.870	10.540
机械	干混砂浆罐式搅拌机 公称储量：20 000 L		台班	284.17	0.010	0.010

表 5.11 景墙相关定额与单位估价表节录（三）

工作内容：调运砂浆、砌砖等，清理底层、调配砂浆、抹灰、压光等，构件安装、校正焊接。 计量单位：见表

定额编号					4-3-41	4-3-42
项目名称					砖砌园林小摆设	砖砌园林小摆设抹面
					10m³	100m²
基价/元					182.67	204.57
其中	人工费/元				44.47	64.95
	其中	定额人工费/元			37.06	54.12
		规费/元			7.41	10.83
	材料费/元				136.78	136.78
	机械费/元				1.42	2.84
	名称		单位	单价/元	数量	
人工	综合工日 19		工日	188.64	21.850	41.860
材料	标准砖 240×115×53		千块	383.04	5.510	—
	热轧光圆钢筋 HPB300		t	4 030.00	0.400	—
	干混普通砌筑砂浆 DM M10		m³	375.74	2.460	—
	水		m³	5.94	0.740	1.020
	干混普通抹灰砂浆 DP M20		m³	402.19	—	2.260
机械	干混砂浆罐式搅拌机 公称储量：20 000 L		台班	284.17	0.246	0.226

表 5.12 景墙相关定额与单位估价表节录（四）

工作内容：清理基层、修补，调运砂浆、铺抹结合层（刷黏结剂）；选料、贴面砖、拖缝、清洁表面。
计量单位：100 m²

定额编号			1-12-94	1-12-96	1-12-98	1-12-100
项目名称			墙面面砖每块面积/m²			
			预拌砂浆（干混）		瓷砖粘贴砂浆	
			≤0.06	≤0.64	≤0.06	≤0.64
基价/元			8 776.39	18 096.45	8 562.35	17 746.20
其中	人工费/元		5 232.87	4 532.08	5 180.81	4 343.81
	其中	定额人工费/元	4 360.73	3 776.73	4 317.34	3 619.84
		规费/元	872.14	755.35	863.47	723.97
	材料费/元		3 517.94	13 538.79	3 366.48	13 387.33
	机械费/元		25.58	25.58	15.06	15.06

续表

	名称	单位	单价/元	数量			
人工	综合工日 19	工日	188.64	27.740	24.025	27.464	23.027
材料	面砖 200×300	m²	30.10	104.00	—	104.00	—
	面砖 800×800	M²	125.25	—	105.00	—	105.00
	石料切割锯片	片	20.98	0.306	0.306	0.306	0.306
	棉纱	kg	7.56	1.050	1.050	1.050	1.050
	干混普通抹灰砂浆 DP M20	m³	402.19	0.896	0.896	—	—
	干混陶瓷砖黏结砂浆 DTA	m³	401.28	—	—	0.530	0.530
	电	kW·h	0.47	9.000	9.000	9.000	9.000
	水	m³	5.94	0.996	0.996	0.810	0.810
	建筑胶	kg	1.21	2.210	2.210	—	—
机械	干混砂浆罐式搅拌机 公称储量：20 000 L	台班	284.17	0.090	0.090	0.053	0.053

（6）未计价材料价格确定。

询价知当地相关未计价材料的价格见表 5.13。

表 5.13 相关未计价材料的价格

项次	材料品名、规格	计量单位	单价/元
1	C20 混凝土	m³	380.00
2	MU10 砖 240×120×53	千块	450.00
3	M5 水泥砂浆	m³	320.00
4	1:2 水泥砂浆	m³	320.00
5	240×240 烧面虎皮黄花岗岩 $\delta=10$	m²	140.00
6	300×300 烧面芝麻黑花岗岩 $\delta=10$	m²	180.00
7	600×600 光面芝麻白花岗岩板 $\delta=100$	m²	600.00

（7）定额材料费单价计算。

拟套用定额换算材料费单价计算如下：

4-2-13 混凝土垫层的换算材料费单价为

$$3\ 565.29-10.2\times345+10.2\times380=3\ 922.29\ 元/（10\ m^3）$$

1-4-1 砖基础的换算材料费单价为

$$5.262\times450+2.399\times320+1.050\times5.94=3\ 141.82\ 元/（10\ m^3）$$

1-4-10 一砖混水砖墙的换算材料费单价为

$$5.337\times450+2.313\times320+1.060\times5.94+5.260\times1.00=3\ 114.3\ 元/（10\ m^3）$$

1-12-94 面砖 0.06 m² 以内预拌砂浆墙面贴面的换算材料费单价为

$$3\ 517.94-104.00\times30.10+104.00\times140-0.896\times402.19+0.896\times320$$

$$=14\ 873.90\ 元/（100\ m^2）$$

4-3-41 砖石砌小摆设的换算材料费单价为

$$4\ 651.27-5.51\times383.04+5.51\times450-2.46\times375.74+2.46\times320$$

$$=4\ 883.10\ 元/（10m^3）$$

4-3-60 厚 100 mm 以内花岗岩压顶的换算材料费单价为

$$1.01\times600+0.054\times320+1.35\times1.00=624.63\ 元/m^2$$

1-12-96 面砖 0.64m² 以内预拌砂浆墙面贴面的换算材料费单价为

$$13\ 538.79-105\times125.25+105\times180-0.896\times402.19+0.896\times320$$

$$=19\ 213.90\ 元/（100m^2）$$

（8）综合单价计算。

景墙分项工程综合单价计算见表 5.14。

（9）景墙项目分部分项工程费计算见表 5.15。

表 5.14 综合单价计算表

序号	项目编码	项目名称	计量单位	定额编号	定额名称	定额单位	数量	单价/元 人工费 定额人工费	单价/元 人工费 规费	单价/元 材料费	单价/元 机械费	合价/元 人工费 定额人工费	合价/元 人工费 规费	合价/元 材料费	合价/元 机械费	管理费 25.08%	利润 13.43%	风险费 0%	综合单价/元
2	050307010001	景墙	m³	1-1-4	人工挖沟槽土方深2m以内	100m³	0.0222	3129.51	625.90			69.57	13.91	0.00	0.00	17.45	9.34		3051.13
				1-1-146	人工沟槽填土夯实	100m³	0.0103	2990.93	598.19	9.21		30.92	6.18	0.10	0.00	7.75	4.15		
				4-2-9	灌浆碎石垫层	10m³	0.0347	491.40	98.28	2124.69	87.81	17.04	3.41	73.69	3.05	4.34	2.32		
				4-2-13(换)	混凝土垫层	10m³	0.0347	437.40	87.48	3922.29		15.17	3.03	136.04	0.00	3.80	2.04		
				1-4-1	砖基础	10m³	0.0495	1265.64	253.12	3141.82	68.20	62.71	12.54	155.68	3.38	15.80	8.46		
				1-4-10(换)	一砖混水砖墙	10m³	0.1	1448.00	289.60	3153.37	64.79	144.80	28.96	315.34	6.48	36.45	19.52		
				1-12-94(换)	面砖 0.06m² 以内 预拌砂浆墙面	100m²	0.0833	4360.73	872.14	14873.90	25.58	363.39	72.68	1239.49	2.13	91.18	48.83		
					小计							703.61	140.72	1920.34	15.04	176.77	94.66		
3	050307018001	砖砌小摆设	m³	4-3-41(换)	砖石砌小摆设	10m³	0.1	3434.82	686.96	4883.10	69.91	343.48	68.70	488.31	6.99	86.29	46.20		4870.38
				4-3-60(换)	厚100mm以内花岗岩压顶	m²	2.88	54.12	10.83	624.63	2.84	155.87	31.19	1798.93	8.18	39.26	21.02		
				1-12-96(换)	面砖 0.64 m² 以内 预拌砂浆墙面	100m²	0.0704	3776.73	755.35	19213.90	25.58	265.88	53.18	1352.66	1.80	66.72	35.73		
					小计							765.23	153.06	3639.90	16.97	192.26	102.95		

表 5.15 分部分项工程清单与计价表

序号	项目编码	项目名称	项目特征	计量单位	工程量	金额/元					备注
						综合单价	合价	其中			
								人工费		机械费	暂估价
								定额人工费	规费		
1	050307010001	景墙	1. 土质类别：三类土质 2. 碎石垫层灌浆 3. C20 混凝土基础 4. MU10 砖墙体，240 厚墙体，M5 水泥砂浆砌筑 5. 1∶2 水泥砂浆结合层厚30 6. 10 厚 240×240 烧面虎皮黄花岗岩菱形贴面	m³	0.444	3051.13	1354.70	312.40	62.48	6.68	
2	050307018001	砖砌小摆设	1.MU10 砖，M5 水泥砂浆砌筑 2.1∶2 水泥砂浆结合层厚20，10 厚 300×300 烧面芝麻黑花岗岩贴面 3.1∶2 水泥砂浆结合层厚30，100 厚 600×600 光面芝麻白花岗岩压顶	m³	0.25	4870.38	1217.59	191.31	38.27	0.00	
合计							2572.29	503.71	100.75	6.68	

【例 5.2】 某景观绿化中的花架如图 5.5～图 5.8 所示。试求木花架部分相应工程量、编制工程量清单并计算综合单价。

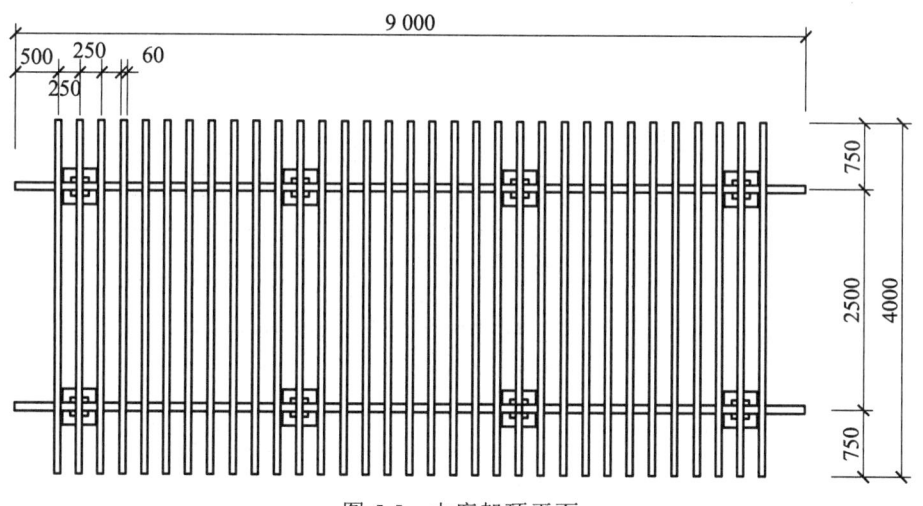

图 5.5 木廊架顶平面

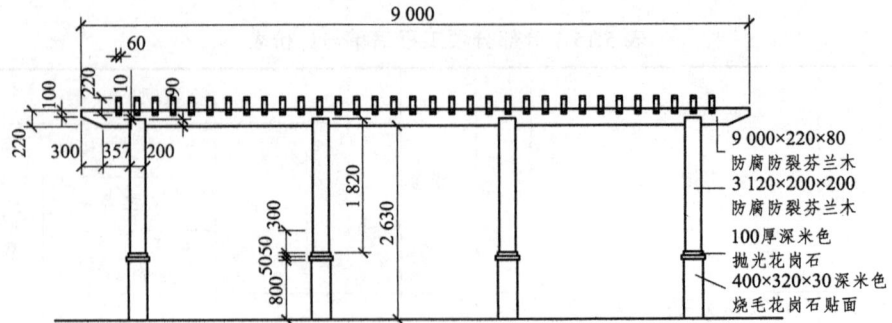

图 5.6　木廊架立面一

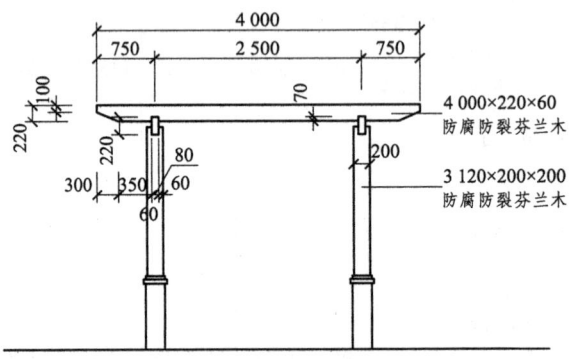

图 5.7　木廊架立面二

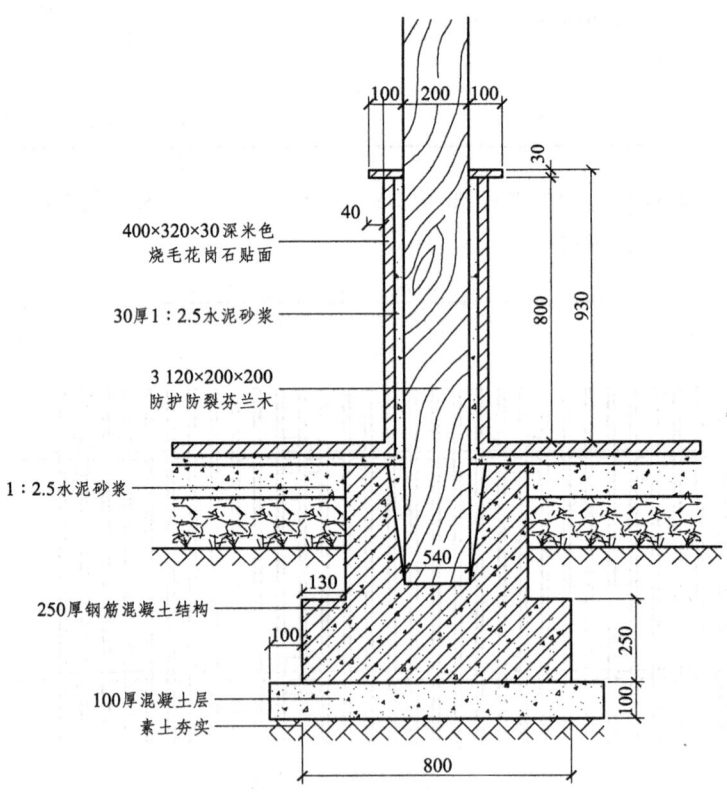

图 5.8　木廊架基础大样

【解】 （1）木花架清单工程量计算。

根据规定，木花架（柱、梁）清单工程量"按设计图示截面乘以长度（包括榫长），以体积计算"。

① 木花架柱：

$$V_1 = 3.12 \times 0.2 \times 0.2 \times 8 = 0.998 \text{m}^3$$

② 木花架短梁（檩木）：

$$总根数 = (9.0-0.50 \times 2)/0.25 + 1 = 33 \text{ 根}$$

$$V_2 = 4.0 \times 0.22 \times 0.06 \times 33 = 1.742 \text{m}^3$$

③ 木花架长梁：

$$V_3 = 9.0 \times 0.22 \times 0.08 \times 2 = 0.317 \text{m}^3$$

木花架清单工程量：

$$V = V_1 + V_2 + V_3 = 1.742 + 0.317 + 0.998 = 3.057 \text{m}^3$$

（2）编制工程量清单见表5.16。

表5.16 木花架工程量清单

序号	项目编码	项目名称	项目特征描述	计量单位	工程量
1	050304004001	木花架	1. 木材种类：防腐防裂芬兰木 2. 截面：短梁220 mm×60 mm，长4 m，共33根 　　　　长梁220 mm×80 mm，长9 m，共2根 　　　　柱200 mm×200 mm，高3.12 m，共8根 3. 连接方式：铁件、开榫连接 4. 防护材料：表面涂刷防腐油	m³	3.057

（3）木花架清单项与定额项的匹配。

根据表5.3知花架的工作内容包括：① 构件制作、运输、安装；② 刷防护材料、油漆。再结合表5.15项目特征的描述，在计算本例木花架分项工程的综合单价时，应匹配的定额项见表5.17。

表5.17 木花架清单项与定额项的匹配

清单项		定额项			
项目编码	项目名称	序号	定额编号	项目名称	定额来源
050304004001	木花架	1	1-7-12	方木木柱	《××省建筑工程计价标准》
		2	1-7-14	方木木梁	
		3	1-7-20	方木檩木	

（4）定额工程量计算。

与木花架清单分项相关的定额工程量计算如下：

① 木花架柱的定额工程量：

$$V_1 = 3.12 \times 0.2 \times 0.2 \times 8 = 0.998 \text{m}^3$$

② 木花架短梁（檩木）的定额工程量：

$$V_2 = 4.0 \times 0.22 \times 0.06 \times 33 = 1.742 \text{m}^3$$

③ 木花架长梁的定额工程量：

$$V_3 = 9.0 \times 0.22 \times 0.08 \times 2 = 0.317 \text{m}^3$$

（5）相关定额与单位估价表。

木材分类表见表5.18。拟套用的某省相关定额与单位估价见表5.19、表5.20。定额说明木材木种均以一、二类木种取定，传统木结构如采用三、四类木种时，相应定额制作人工、机械乘以系数1.2。

（6）未计价材料价格确定。

询价知当地相关未计价材料的价格见表5.21。

表5.18　木材分类

木材分类	木材名称
一类	红松、水桐木、樟子木松
二类	白松（云杉、冷杉）、杉木、杨木、柳木、锻木
三类	青松、黄花松、秋子木、马尾松、东北榆木、柏木、苦楝木、梓木、黄菠萝、椿木、楠木、柚木、樟木
四类	栎木（柞木）、檀木、色木、槐木、荔木、麻栗木（麻栎、青刚）、桦木、荷木、水曲柳、华北榆木、榉木、橡木、枫木、核桃木、樱桃木

表5.19　木花架相关定额与单位估价表节录（一）

工作内容：1.放样、选料、运料、錾剥、刨光、划线、起线、凿眼、挖底拔灰、锯榫；
2.安装、吊线、校正、临时支撑，伸入墙内部分刷防腐油。　　　　　计量单位：10m³

定额编号					1-7-11	1-7-12	1-7-13	1-7-14
项目名称					木柱		木梁	
					圆木	方木	圆木	方木
基价/元					27 891.97	28 600.00	28 929.64	29 471.38
其中	人工费/元				11 488.18	10 220.52	13 785.81	12 264.62
	其中	定额人工费/元			9 573.48	8 517.10	11 488.18	10 220.52
		规费/元			1 914.70	1 703.42	2 297.63	2 044.10
	材料费/元				16 123.89	18 217.20	14 809.01	16 961.03
	机械费/元				279.90	162.28	334.82	245.73
	名称		单位	单价/元	数量			
人工	综合工日19		工日	188.64	60.900	54.180	73.080	65.016
材料	原木（综合）		m³	1 247.40	12.926	—	11.797	—
	板枋材		m³	1 550.40	—	11.750	—	10.863
	圆钉（综合）		kg	4.92	—	—	—	5.610
	防腐油		kg	6.68	—	—	9.550	9.250
	铁件（综合）		t	5 928.00	—	—	0.005	0.005
机械	木工平刨床　刨削宽度：500 mm		台班	19.69	6.910	3.460	6.910	7.300
	桅杆式起重机　提升质量：5 t		台班	523.04	0.275	0.180	0.380	0.195

表 5.20 木花架相关定额与单位估价表（二）

工作内容：制作安装檩木、檩托木（或垫木），伸入墙内部分及垫木刷防腐油；檩木上分线钉椽子等。

计量单位：10m³

定额编号					1-7-20	1-7-21
项目名称					檩木	
					方木	圆木
基价/元					25 301.79	21 583.56
其中		人工费/元			5 522.25	5 159.30
	其中	定额人工费/元			4 601.87	4 299.42
		规费/元			920.38	859.88
	材料费/元				18 536.12	15 066.61
	机械费/元				1 243.42	1 357.65
	名称		单位	单价/元	数量	
人工	综合工日 19		工日	188.64	29.274	27.350
材料	原木（综合）		m³	1 247.40	—	10.500
	板枋材		m³	1 550.40	11.645	1.040
	圆钉（综合）		kg	4.92	45.094	33.762
	防腐油		kg	6.68	38.900	28.500
机械	木工圆锯机 直径：500mm		台班	14.51	6.320	7.950
	木工平刨床 刨削宽度：500 mm		台班	19.69	5.700	10.300
	汽车式起重机 提升质量：8 t		台班	834.26	1.246	1.246

表 5.21 相关主要材料的价格

项次	材料品名、规格	计量单位	单价/元
1	防腐防裂芬兰木（材料费已经含开榫加工以及防腐处理）	m³	6 800.00

（7）定额材料费单价计算。

拟套用定额换算材料费单价计算如下。

1-7-12 方木柱的换算材料费单价：

$$11.750 \times 6\ 800 = 79\ 900.00\ 元/（10m^3）$$

1-7-14 方木梁的换算材料费单价：

$$16\ 961.03 - 10.863 \times 1\ 550.40 + 6\ 800 \times 10.863 = 73\ 987.43\ 元/（10m^3）$$

1-7-20 方檩木的换算材料费单价：

$$18\ 536.12 - 11.645 \times 1\ 550.40 + 6\ 800 \times 11.645 = 79\ 667.71\ 元/（10m^3）$$

（8）综合单价计算。

木花架分项工程综合单价计算见表 5.22。

（9）木花架项目分部分项工程费计算见表 5.23。

表5.22 综合单价计算表

序号	项目编码	项目名称	计量单位	定额编号	定额名称	定额单位	数量	单价/元				合价/元				管理费	利润	风险费	综合单价/元
								人工费 定额人工费	规费	材料费	机械费	人工费 定额人工费	规费	材料费	机械费				
																25.08%	13.43%	0%	
1	050304040001	木花架	m³	1-7-12	方木木柱	10 m³	0.0326	8517.10	1703.42	79900.00	162.28	278.05	55.61	2608.45	5.30	69.84	37.40		
				1-7-14	方木木梁	10 m³	0.0104	10220.52	2044.10	73987.43	245.73	105.98	21.20	767.22	2.55	26.63	14.26		
				1-7-20	方木檩木	10 m³	0.0570	4601.87	920.38	79667.71	1243.42	262.23	52.45	4539.78	70.86	67.19	35.98		
					小计							646.27	129.25	7915.45	78.70	163.66	87.64		9020.98

表5.23 分部分项工程量清单与计价表

序号	项目编码	项目名称	项目特征	计量单位	工程量	金额/元					备注
						综合单价	合价	其中			暂估价
								定额人工费	人工费	规费	机械费
1	050304040001	木花架	1. 木材种类：防腐防裂芬兰木 2. 截面为：短梁220mm×60mm，长4m，共33根； 长梁220mm×80mm，长9m，共2根 柱200mm×200mm，高3.12m，共8根 3. 连接方式：铁件连接 4. 防护材料：表面涂刷防腐油	m³	3.057	9020.98	27577.13	1975.64	395.13	240.59	

本章习题

1. 某公园绿地旁有一弧形景观墙,弧长为 5 340 m,施工图具体如图 5.9~图 5.11 所示。试计算景墙的清单工程量,并编制工程量清单,以及综合单价。(土质为二类土,烧结砖尺寸为 240×115×53,参照当地定额进行计算)

图 5.9 景墙平面

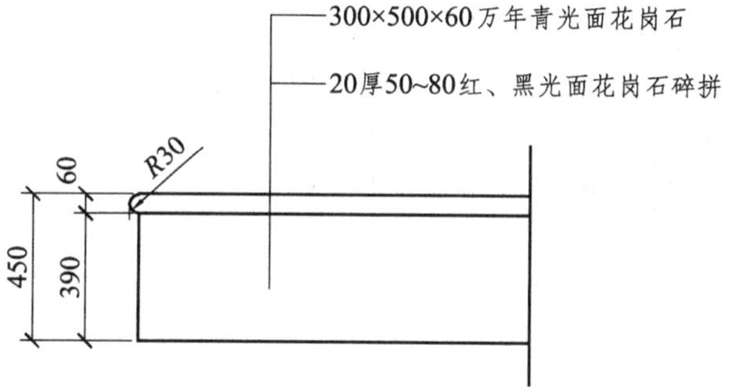

图 5.10 景墙立面

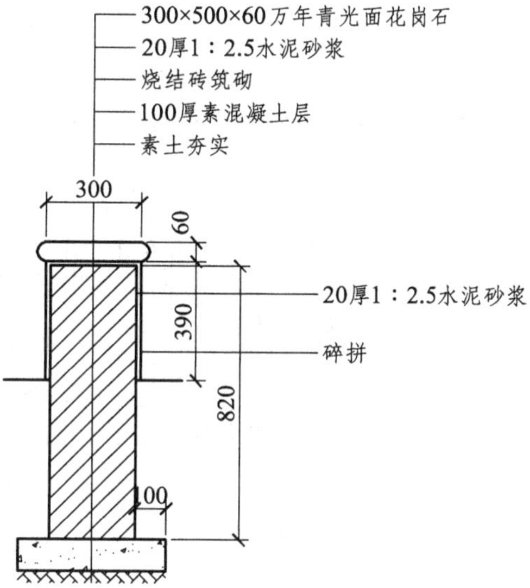

图 5.11 景墙剖面

2. 某小区一树阵广场内有同样大小、做法的树池 15 个,树池施工图具体如图 5.12、图 5.13 所示。试计算树池的清单工程量,并编制工程量清单及综合单价。(参照当地定额进行计算)

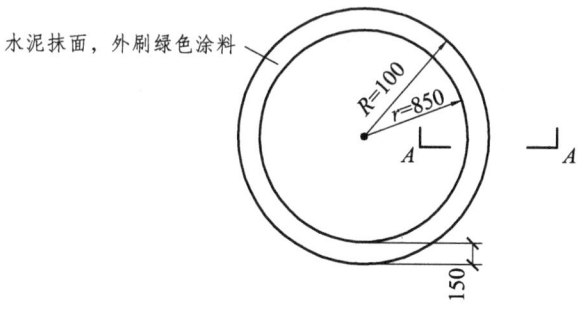

图 5.12 树池平面

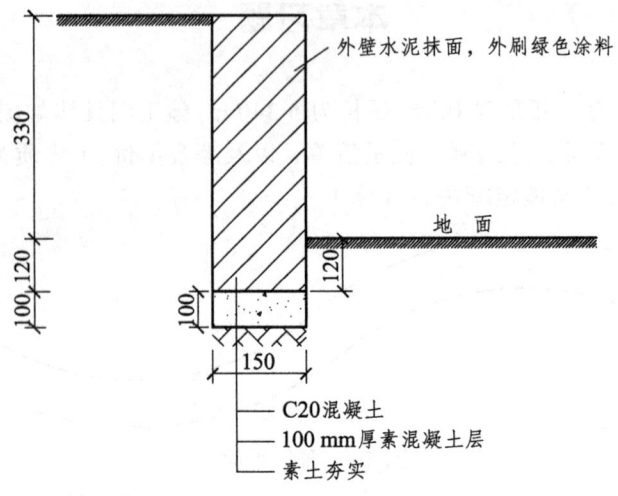

图 5.13 树池剖面

3. 某屋顶花园有一花架如图 5.14～图 5.17 所示。试计算花架的清单工程量,并编制工程量清单,以及综合单价。(防腐木采用樟子松木,进行防腐处理,参照当地定额进行计算)

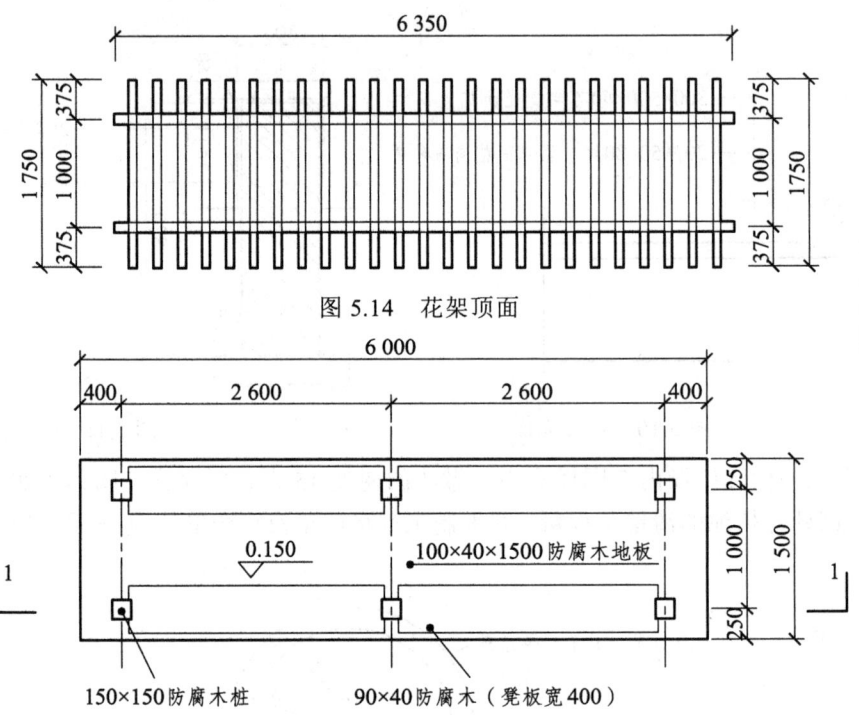

图 5.14 花架顶面

图 5.15 花架平面

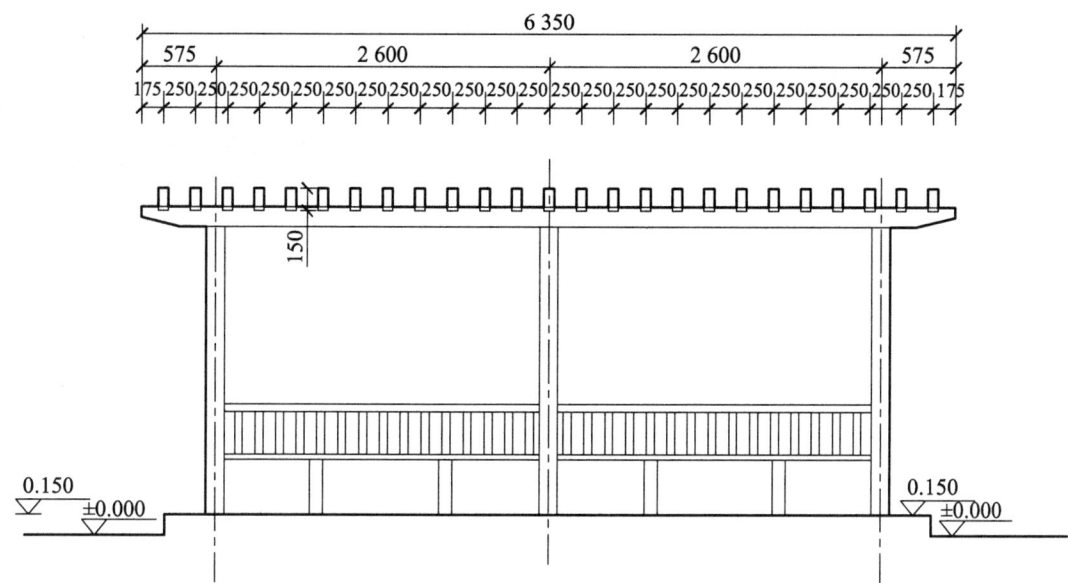

图 5.16 花架立面

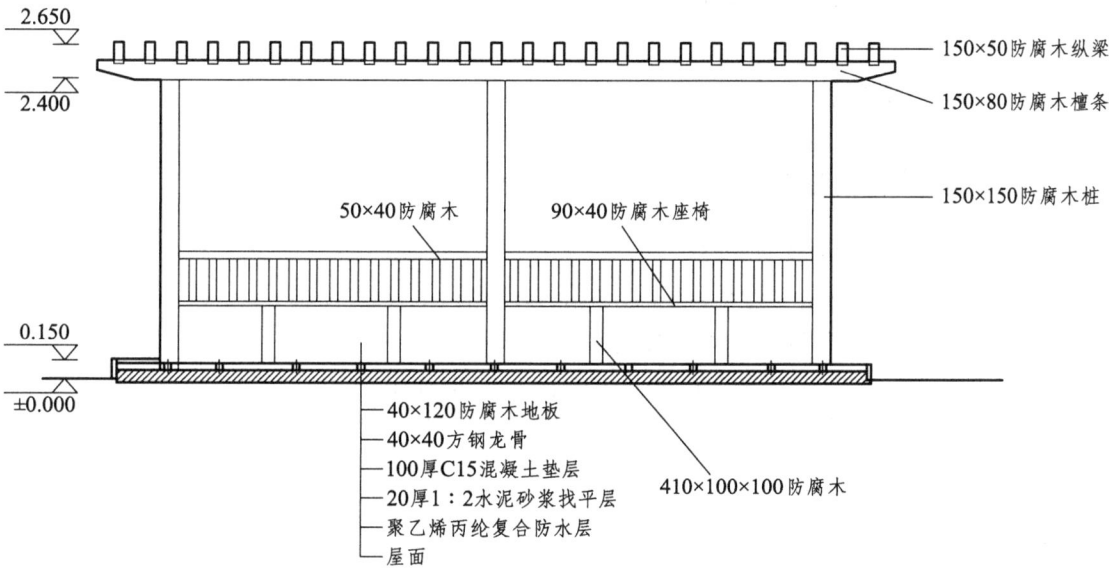

图 5.17 花架 1—1 剖面

第 6 章 绿化种植工程

教学要求：
- 熟悉绿化种植工程清单分项的划分标准；
- 掌握绿化种植工程的工程量计算规则；
- 掌握绿化种植工程的综合单价计算方法。

本章主要讨论绿化种植工程的项目划分、工程量计算和综合单价计算问题。

6.1 项目划分

6.1.1 清单项目划分

1. 规范中的清单项目划分

《园林绿化工程工程量计算规范》（GB 50858—2013）将绿化种植工程划分为绿地整理、栽植花木、绿地喷灌等项目，具体分项见表 6.1～表 6.3。

表 6.1 绿地整理（编码：050101）

项目编码	项目名称	项目特征	计量单位	工程量计算规则	工程内容
050101001	砍伐乔木	树干胸径	株	按数量计算	1. 砍伐 2. 废弃物运输 3. 场地清理
050101002	挖树根（蔸）	地径			1. 挖树根 2. 废弃物运输 3. 场地清理
050101003	砍挖灌木丛及根	丛高或蓬径	1. 株 2. m²	1. 以株计量，按数量计算 2. 以平方米计量，按面积计算	1. 砍挖 2. 废弃物运输 3. 场地清理
050101004	砍挖竹及根	根盘直径	株（丛）	按数量计算	
050101005	砍挖芦苇（或其他水生植物）及根	根盘丛径	m²	按面积计算	

续表

项目编码	项目名称	项目特征	计量单位	工程量计算规则	工程内容
050101006	清除草皮	草皮种类	m²	按面积计算	1. 除草 2. 废弃物运输 3. 场地清理
050101007	清除地被植物	植物种类	m²	按面积计算	1. 清除植物 2. 废弃物运输 3. 场地清理
050101008	屋面清理	1. 屋面做法 2. 屋面高度	m²	按设计图示尺寸以面积计算	1. 原屋面清扫 2. 废弃物运输 3. 场地清理
050101009	种植土回（换）填	1. 回填土质要求 2. 取土运距 3. 回填厚度 4. 弃土运距	1. m³ 2. 株	1. 以立方米计量，按设计图示回填面积乘以回填厚度，以体积计算 2. 以株计量，按设计图示数量计算	1. 土方挖、运 2. 回填 3. 找平、找坡 4. 废弃物运输
050101010	整理绿化用地	1. 回填土质要求 2. 取土运距 3. 回填厚度 4. 找平找坡要求 5. 弃渣运距	m²	按设计图示尺寸以面积计算	1. 排地表水 2. 土方挖、运 3. 耙细、过筛 4. 回填 5. 找平、找坡 6. 拍实 7. 废弃物运输
050101011	绿地起坡造型	1. 回填土质要求 2. 取土运距 3. 起坡平均高度	m³	按设计图示尺寸以体积计算	1. 排地表水 2. 土方挖、运 3. 耙细、过筛 4. 回填 5. 找平、找坡 6. 废弃物运输
050101012	屋顶花园基底处理	1. 找平层厚度、砂浆种类、强度等级 2. 防水层种类、做法 3. 排水层厚度、材质 4. 过滤层厚度、材质 5. 回填轻质土厚度、种类 6. 屋面高度 7. 阻根层厚度、材质、做法	m²	按设计图示尺寸以面积计算	1. 抹找平层 2. 防水层铺设 3. 排水层铺设 4. 过滤层铺设 5. 填轻质土壤 6. 阻根层铺设 7. 运输

表 6.2 栽植花木（编码：050102）

项目编码	项目名称	项目特征	计量单位	工程量计算规则	工程内容
050102001	栽植乔木	1. 乔木种类 2. 胸径或干径 3. 株高、冠径 4. 起挖方式 5. 养护期	株	按设计图示数量计算	1. 起挖 2. 运输 3. 栽植 4. 养护
050102002	栽植灌木	1. 种类 2. 根盘直径 3. 冠丛高 4. 蓬径 5. 起挖方式 6. 养护期	1. 株 2. m²	1. 以株计量，按设计图示数量计算 2. 以平方米计量，按设计图示尺寸以绿化水平投影面积计算	
050102003	栽植竹类	1. 竹种类 2. 竹胸径或根盘丛径 3. 养护期	株（丛）	按设计图示数量计算	
050102004	栽植棕榈类	1. 种类 2. 株高、地径 3. 养护期	株		
050102005	栽植绿篱	1. 种类 2. 篱高 3. 行数、蓬径 4. 单位面积株数 5. 养护期	1. m 2. m²	1. 以米计量，按设计图示长度以延长米计算 2. 以平方米计量，按设计图示尺寸以绿化水平投影面积计算	
050102006	栽植攀缘植物	1. 植物种类 2. 地径 3. 单位长度株数 4. 养护期	1. 株 2. m	1. 以株计量，按设计图示数量计算 2. 以米计量，按设计图示种植长度以延长米计算	
050102007	栽植色带	1. 苗木、花卉种类 2. 株高或蓬径 3. 单位面积株数 4. 养护期	m²	按设计图示尺寸以绿化水平投影面积计算	
050102008	栽植花卉	1. 花卉种类 2. 株高或蓬径 3. 单位面积株数 4. 养护期	1. 株（丛、缸） 2. m²	1. 以株（丛、缸）计量，按设计图示数量计算 2. 以平方米计量，按设计图示尺寸以水平投影面积计算	
050102009	栽植水生植物	1. 植物种类 2. 株高或蓬径或芽数/株 3. 单位面积株数 4. 养护期	1. 丛 2. 缸 3. m²		
050102010	垂直墙体绿化种植	1. 植物种类 2. 生长年数或地（干）径 3. 栽植容器材质、规格 4. 栽植基质种类、厚度 5. 养护期	1. m² 2. m	1. 以平方米计量，按设计图示尺寸以绿化水平投影面积计算 2. 以米计量，按设计图示种植长度以延长米计算	1. 起挖 2. 运输 3. 栽植容器安装 4. 栽植 5. 养护

续表

项目编码	项目名称	项目特征	计量单位	工程量计算规则	工程内容
050102011	花卉立体布置	1. 草本花卉种类 2. 高度或蓬径 3. 单位面积株数 4. 种植形式 5. 养护期	1. 单体（处） 2. m²	1. 以单体（处）计量，按设计图示数量计算 2. 以平方米计量，按设计图示尺寸以面积计算	1. 起挖 2. 运输 3. 栽植 4. 养护
050102012	铺种草皮	1. 草皮种类 2. 铺种方式 3. 养护期	m²	按设计图示尺寸以绿化投影面积计算	1. 起挖 2. 运输 3. 铺底砂（土） 4. 栽植 5. 养护
050102013	喷播植草（灌木）籽	1. 基层材料种类规格 2. 草（灌木）籽种类 3. 养护期	m²	按设计图示尺寸以绿化投影面积计算	1. 基层处理 2. 坡地细整 3. 喷播 4. 覆盖 5. 养护
050102014	植草砖内植草	1. 草坪种类 2. 养护期			1. 起挖 2. 运输 3. 覆土（砂） 4. 铺设 5. 养护
050102015	挂网	1. 种类 2. 规格		按设计图示尺寸以挂网投影面积计算	1. 制作 2. 运输 3. 安放
050102016	箱/钵栽植	1. 箱/钵体材料品种 2. 箱/钵外形尺寸 3. 栽植植物种类、规格 4. 土质要求 5. 防护材料种类 6. 养护期	个	按设计图示数量计算	1. 制作 2. 运输 3. 安放 4. 栽植 5. 养护

表 6.3 绿地喷灌（编码：050103）

项目编码	项目名称	项目特征	计量单位	工程量计算规则	工程内容
050103001	喷灌管线安装	1. 管道品种、规格 2. 管件品种、规格 3. 管道固定方式 4. 防护材料种类 5. 油漆品种、刷漆遍数	m	按设计图示管道中心线长度以延长米计算，不扣除检查（阀门）井、阀门、管件及附件所占的长度	1. 管道铺设 2. 管道固筑 3. 水压试验 4. 刷防护材料、油漆
050103002	喷灌配件安装	1. 管道附件、阀门、喷头品种、规格 2. 管道附件、阀门、喷头固定方式 3. 防护材料种类 4. 油漆品种、刷漆遍数	个	按设计图示数量计算	1. 管道附件、阀门、喷头安装 2. 水压试验 3. 刷防护材料、油漆

109

2. 清单列项的相关说明

（1）整理绿化用地项目包含厚度≤300 mm 回填土，厚度＞300 mm 回填土，应按现行国家标准《房屋建筑与装饰工程工程量计算规范》（GB 50854）中相应项目编码列项。

（2）挖土外运、借土回填、挖（凿）土（石）方应包括在相关项目内。

（3）苗木计算应符合下列规定：

① 胸径应为地表面向上 1.2 m 高处树干直径。
② 冠径又称冠幅，应为苗木冠丛垂直投影面的最大直径和最小直径之间的平均值。
③ 蓬径应为灌木、灌丛垂直投影面的直径。
④ 地径应为地表面向上 0.1 m 高处树干直径。
⑤ 干径应为地表面向上 0.3 m 高处树干直径。
⑥ 株高应为地表面至树顶端的高度。
⑦ 冠丛高应为地表面至乔（灌）木顶端的高度。
⑧ 篱高应为地表面至绿篱顶端的高度。
⑨ 养护期应为招标文件中要求苗木种植结束后承包人负责养护的时间。

（4）苗木移（假）植应按花木栽植相关项目单独编码列项。

（5）土球包裹材料、树体输液保湿及喷洒生根剂等费用包含在相应项目内。

（6）墙体绿化浇灌系统按表 6.3 绿地喷灌相关项目单独编码列项。

（7）发包人如有成活率要求时，应在其特征中加以描述。

（8）挖填土石方应按现行国家标准《房屋建筑与装饰工程工程量计算规范》（GB 50854）附录 A 中相关项目编码列项。

（9）阀门井应按现行国家标准《市政工程工程量计算规范》GB 50857 中相关项目编码列项。

6.1.2 定额项目划分

绿化种植工程按工程的工序进行等额项目划分，包括整理绿地、起挖、运输、栽植、养护、喷灌、边坡绿化等部分。各部分又按植物种类以及施工的方法划分子项，其分类见表 6.4。

表 6.4　定额项目分类

内容	大节	小节	包括的主要项目
绿地整理	绿地整理	砍伐乔木	干径 10～50cm 以内，50cm 以上，运距 1km 及以上
		挖乔木树根	干径 20～50cm 以内，50cm 以上，运距 1km 及以上
		砍挖灌木	砍挖单株灌木，砍挖片植灌木、绿篱
		砍挖竹类	砍挖散生竹（胸径 2～10cm 以内），丛生竹（根盘丛径 30～80cm 以内）
		铲挖水生植物	铲挖水生植物
		清除植被	清除草皮、地被、露地花卉
		回填种植土	人工、机械回填种植土
		人工单株（坑）换土	乔木、灌木、竹类、棕榈类人工换土
		整理绿化用地	整理绿化种植地、人工/机械堆置造型、机械挖树坑

续表

内容	大节	小节	包括的主要项目
起挖	起挖乔木	起挖乔木（带土球）	胸径/干径4~55（cm以内）
		起挖乔木（裸根）	胸径/干径4~55（cm以内）
	起挖灌木	起挖灌木（带土球）	冠径20~400 cm以内，400 cm以上
		起挖灌木（裸根）	冠径20~400 cm以内，400 cm以上
	起挖竹类	起挖竹类（散生竹）	胸径2~10（cm以内）
		起挖竹类（丛生竹）	根盘丛径30~80（cm以内）
	起挖绿篱	起挖绿篱（单排）	高度40~200 cm以内，200 cm以上
		起挖绿篱（双排）	高度40~200 cm以内，200 cm以上
	起挖棕榈类	起挖棕榈类	地径15~80 cm以内
	起挖其他	起挖其他	起挖攀缘植物、地被植物、水生植物、露地花卉、草坪
汽车运输苗木	乔木运输	乔木运输	胸径4~50 cm以内/干径6~55 cm以内
	灌木运输	灌木运输	冠径20~400 cm以内，400 cm以上
	竹类运输	竹类运输（散生竹）	胸径2~10 cm以内
		竹类运输（丛生竹）	根盘丛径30~80 cm以内
	棕榈类运输	棕榈类运输	地径25~80 cm以内
	花卉运输	盆花运输	盆内径15~20 cm以内
		散装花苗运输	散装花苗运输
		球根、块根、宿根类运输	球根、块根、宿根类运输
	其他	水生植物运输	水生植物运输
		攀缘植物运输	地径1~6 cm以内，6 cm以上
		地被植物运输	地被植物运输
		草坪运输	草坪运输
栽植	栽植乔木	栽植带土球乔木	胸径4~50 cm以内/干径6~55 cm以内
		栽植裸根乔木	胸径4~50 cm以内/干径6~55 cm以内
	栽植灌木	栽植单株带土球灌木	栽植单株带土球灌木，冠径20~400 cm以内，400 cm以上
		栽植单株裸根灌木	冠径20~400 cm以内，400 cm以上
		栽植成片灌木	栽植密度16、25、36、49、64、81株/m²以内
		栽植单排绿篱	高度40~200 cm以内，200 cm以上
		栽植双排绿篱	高度40~200 cm以内，200 cm以上
	栽植竹类	栽植散生竹	胸径2~10 cm以内
		栽植丛生竹	根盘丛径30~80 cm以内
	栽植棕榈类	栽植棕榈类	地径15~80 cm以内

续表

内容	大节	小节	包括的主要项目
栽植	栽植攀援植物	栽植攀援植物	地径1~5cm以内
	栽植露地花卉	一、二年生草本花卉	栽植密度16、25、36、49、64、81、100株/m²以内
		球根、宿根、块根花卉	栽植密度16、25、36、49、64、81、100株/m²以内
	栽植地被植物	栽植地被植物	栽植密度16、25、36、49、64、81、100株/m²以内
	栽植水生植物	栽植湿生植物	根盘丛茎15cm芽数以内，根盘丛茎15cm芽数以上
		栽植挺水（沉水）植物	挺水植物根盘丛茎15cm芽数以内及15cm芽数以上，挺水植物荷花，沉水植物密度9~36株/m²
		栽植浮叶（漂浮）植物	浮叶植物密度3丛/m²以内及3丛/m²以上，漂浮植物3丛/m²以内及以上，水深50cm以内及以上
	垂直墙体绿化	垂直墙体绿化	垂直绿化板，模块式垂直绿化墙，粘贴式垂直绿化墙，沿口种植槽绿化，立体造型绿化，立体花卉基质填充，爬藤钢索，绿雕表面种植
	盆花布置	盆花布置（平面）	盆径15~60cm以内
		盆花布置（立面）	盆径15~60cm以内
	草皮（坪）铺种、播种	植草砖孔内栽植	植草、播种
		草坪栽植	散铺、满铺、播种
	花坛图案种植	露地花坛栽植	一般图案花坛、彩纹图案花坛、立体花坛
养护	乔木养护	乔木养护	胸径4~50cm以)/干径6~55cm以内
	灌木养护	单株灌木养护	冠径50~400cm以内，400cm以上
		单排绿篱养护	高度50~200cm以内，200cm以上
		双排绿篱养护	高度50~200cm以内，200cm以上
	竹类养护	散生竹养护	胸径4~10cm以内
		丛生竹养护	根盘丛径40~80cm以内
	水生及攀缘植物养护		水生植物、荷花、攀缘植物养护
	其他		球根、宿根、块根花卉，一、二年生草本花卉，地被植物，草坪养护，垂直墙体绿化养护，立体花坛养护
洒水车浇水	乔木		乔木洒水车浇水胸径6~50cm以内/干径8~55cm以内
	灌木		灌木洒水车浇水冠径1~4m以内，4m以上
	绿篱		单排、双排绿篱洒水车浇水，高度1~2m以内
	竹类		散生竹、丛生竹洒水车浇水
	地被、片植灌木		地被、片植灌木洒水车浇水
	攀缘植物		攀缘植物洒水车浇水，地径3cm以内及以上
	草坪、球根、宿根、块根花卉洒水车浇水，草本花卉，垂直墙体绿化浇水		
	洒水车浇水		洒水车浇水

续表

内容	大节	小节	包括的主要项目
喷灌	喷灌喷头安装	喷灌喷头	喷头埋藏旋转、散射,换向摇臂式,固定式立管高 6~12 m,快速取水阀安装
		根部灌水器	根部灌水器(树笼)
		微喷及千秋架	微喷,千秋架直径 20~32 mm
	立体花坛喷头、滴灌、渗灌安装	立体花坛喷头	地表可调喷头、立体轻雾喷头
		立体花坛滴箭组	5通、16通滴箭组
		渗灌管	渗灌管
		立体花坛骨架内埋设及安装PE管	公称直径 20~40 mm 以内
	给水管固筑	给水管固筑	混凝土管 DN75、DN100 以内,填砂
边坡绿化	边坡清理	边坡、平台修整	
		人工挖穴点播	上边坡(土质、土夹石)、下边坡(土质)
	边坡喷播植草	土质边坡喷播	坡度 30°~45°、45°~60°、60°以上
		石质边坡喷播	坡度 30°~45°、45°~60°、60°以上
	挂网	挂网	镀锌铁丝网、三维网、拉伸网
	护坡及边坡绿化	喷厚层基质材灌木护坡	植生格、T型植生板
		生态袋边坡绿化	生态袋

6.2 工程量计算规则

6.2.1 清单规则

清单计量规则详见表 6.1~表 6.3 中的相关规定。

6.2.2 定额规则

(1)砍伐乔木、挖树根、砍挖灌木按设计图示数量以株计算;砍挖竹类按设计图示数量以株(丛)计算;砍挖片植灌木、绿篱,铲挖水生植物,清除草皮、地被和露地花卉按设计图示尺寸以面积计算。

(2)回填种植土按设计图示尺寸以体积计算。

(3)人工换土按不同植物设计图示数量以株计算。

(4)整理绿化种植用地按设计图示尺寸以面积计算。

(5)绿化地起坡造型按设计图示尺寸以体积计算。

(6)乔木起挖和栽植分带土球和裸根,按设计图示数量以株计算,其中,<u>丛生乔木按照</u>

设计图示数量以株计算；养护按设计图示数量以株计算。

（7）单株灌木起挖和栽植分带土球和裸根，按设计图示数量以株计算，养护按设计图示数量以株计算；片植灌木起挖、栽植和养护按设计图示尺寸以面积计算；单排和双排绿篱起挖、栽植和养护按设计图示数量以延长米计算。

（8）棕榈类起挖、栽植和养护按设计图示数量以株计算。

（9）散生竹起挖、栽植和养护按设计图示数量以株计算；丛生竹起挖、栽植和养护按设计图示数量以丛计算。

（10）攀缘植物起挖、栽植和养护按设计图示数量以株计算。

（11）地被植物、露地花卉和草坪的起挖、栽植及养护按设计图示尺寸以面积计算；盆花布置按设计图示数量以盆计算,盆花养护执行露地花卉定额项目按设计图示尺寸以面积计算；花坛图案种植按设计图示尺寸以面积计算，花坛图案养护按设计图示尺寸以面积计算；植草砖内植草按植草砖铺装设计图示尺寸以面积计算。

（12）水生植物栽植，除沉水植物栽植按面积计算外，其他按设计图示数量以丛计算，养护按设计图示尺寸以面积计算。

（13）垂直墙体绿化中的垂直绿化板、垂直绿化墙、沿口种植槽绿化、立体造型绿化、绿雕表面种植按设计图示尺寸以面积计算；立体花卉基质填充按设计图示尺寸以体积计算，养护按设计图示尺寸以面积计算。

（14）乔木、灌木、散生竹、棕榈类、攀缘植物和水生植物的运输按设计图示数量以株计算；丛生竹运输按设计图示数量以丛计算；盆花运输按设计图示数量以盆计算；散装花苗和球根、块根、宿根类花卉运输按设计图示数量以株计算，地被植物、草皮运输按设计图示尺寸以面积计算。

（15）洒水车洒水可按各类植物不同状态及不同规格计算，也可按浇水量计算。按植物不同状态及不同规格计算时，乔木和单株灌木按设计图示数量以株计算；单排、双排绿篱按设计图示尺寸以延长米计算；成片灌木按设计图示尺寸以面积计算；散生竹按设计图示数量以株计算，丛生竹按设计图示数量以丛计算；攀缘植物按设计图示数量以株计算；露地花卉、地被植物和草坪按设计图示尺寸以面积计算。

（16）喷灌喷头、快速取水阀安装按设计图示以"套"或"个"计算。

（17）立体花坛喷头（滴箭组）安装按设计图示以"套"计算。渗灌管安装按设计图示尺寸以延长米计算。立体花坛骨架内埋设及安装 PE 管按设计图示尺寸以延长米计算。给水管混凝土固筑按设计图示以处计算，填砂按设计图示尺寸以体积计算。

（18）边坡清理、人工挖穴点播、边坡喷播植草、挂网、喷厚层基材灌木护坡按设计图示尺寸以面积计算。

（19）生态袋边坡绿化按设计图示尺寸以体积计算。

6.2.3　计价的相关规定

（1）砍伐乔木适用于《城市绿化条例》规定的施工场地内死亡或濒临死亡植物的砍伐及装车运输。

（2）回填种植土分为人工和机械回填，执行回填种植土定额项目，不再计整理绿化种植地定额项目。本章节回填种植土及绿地起坡造型已包含100m内取土运土。运距超过时另按《××省市政工程计价标准》第一章相关子目执行。

（3）人工单独挖树坑按《××省市政工程计价标准》第一章相关规定执行。

（4）人工换土是指单株（坑）植物种植点土质不能满足植物生长时，采取种植土换填；绿篱、地被、露地花卉及草本类植物换土按成片换土执行回填种植土定额项目。换填种植土设计用量与定额不同时，可按设计要求调整，消耗量按设计种用量（1+18%）计算，人工、机械按种植土调整比例相应调整。余土外运按《××省市政工程计价标准》第一章相应规定执行。

（5）整理绿化种植地是指施工场地内原有种植土厚度≤30cm的挖填翻松、耙细平整。

（6）绿地起坡造型是指按设计要求由夯填、堆筑而成的绿化种植地坡顶与坡底高差大于1.0 m及25%＜坡度≤30%的土坡造型堆置，坡度<25%的，按《××省市政工程计价标准》土石方工程的相关规定执行。

（7）植物起挖、栽植均以一、二类土考虑。遇三类土定额项目人工乘以系数1.67，四类土定额项目人工乘以系数2.42，遇打凿石方或其他障碍物，按《××省市政工程计价标准》相应定额项目执行；遇机械挖树坑，除执行机械挖树坑定额项目外，相应的栽植定额项目人工调减30%。起挖植物包括回土填坑。

（8）乔、灌木起挖和栽植，土球、胸径、冠径规格按设计要求确定。设计无规定时，乔木土球直径按胸径的8倍计算，棕榈类土球直径按地径2倍计算；灌木类土球直径按冠径的0.4倍计算。

（9）乔木起挖、栽植定额项目，优先考虑胸径，在无法测量胸径时按干径计算；分枝点小于1.2m乔木按干径规格执行，分枝点小于0.3m的乔木按冠幅规格执行灌木相应定额项目。

（10）爬藤钢索定额中的不锈钢索按每根2m综合考虑，如设计不同时，钢索、连接铁链材料消耗量可以按比例换算，其他不作调整。

（11）定额中植物规格允许偏差按现行国家标准《园林绿化工程施工及验收规范》（CJJ 82—2012）中的相关规定执行，见表6.5。

表6.5 植物材料规格允许偏差

项次	项目			允许偏差/cm
1	乔木	胸径	≤5 cm	−0.2
			6～9 cm	−0.5
			10～15 cm	−0.8
			16～20 cm	−1.0
		高度	—	−20
		冠径	—	−20
2	灌木	高度	≥100 cm	−10
			<100 cm	−5
		冠径	≥100 cm	−10
			<100 cm	−5

续表

项次	项目		允许偏差/cm
3	球类苗木	冠径 <50 cm	0
		冠径 50~100 cm	−5
		冠径 110~200 cm	−10
		冠径 >200 cm	−20
		高度 <50 cm	0
		高度 50~100 cm	−5
		高度 110~200 cm	−10
		高度 >200 cm	−20
4	藤本	主蔓长 ≥150 cm	−10
		主蔓径 ≥1 cm	0
5	棕榈类植物	株高 ≤100 cm	0
		株高 101~250 cm	−10
		株高 251~400 cm	−20
		株高 >400 cm	−30
		地径 ≤10 cm	−1
		地径 11~40 cm	−2
		地径 >40 cm	−3

（12）植物起挖、汽车运输苗木定额项目适用于绿化工程中已有植物移栽，场内运输不足1 km 的按 1 km 计；该定额不适用于新购置植物的栽植，新购置植物的起挖、运输包含在苗木单价中，不另计算。

（13）定额所有运输项目适用于场内运输，外运以及处理等其他费用，按各地政府要求结合市场另行计算。

（14）材料不能一次到位，产生二次搬运的，种植土外材料二次搬运水平运输运距超过100m 时，按第 7 章措施项目相应定额项目执行。

（15）汽车运输苗木定额项目中，乔、灌木运输均为带土球苗木，裸根乔木运输按带土球乔木运输的 25% 计，裸根灌木运输按带土球灌木运输的 20% 计。

（16）绿化工程植物成活率按现行国家标准《园林绿化工程施工及验收规范》（CJJ 82—2012）执行，植物栽植定额中苗木消耗量已考虑损耗，损耗率见表 6.6。片植灌木、绿篱、露地花卉、地被植物、水生植物，若设计种植量与定额消耗量不同时，按设计种植量×（1＋损耗率）调整相应定额项目中的苗木消耗量，其他不变。

表 6.6 绿化植物栽植损耗率表

序号	项目名称	植物损耗率/%
1	乔木带土球	1
2	乔木裸根	1.50
3	灌木带土球	1
4	灌木裸根	1.50
5	片植灌木	2
6	单、双排绿篱	2
7	攀缘植物	2
8	竹类	4
9	棕榈类	5
10	水生植物	5
11	盆花	2
12	一、二年生草本花卉	8
13	球根、块根及宿根花卉	4
14	地被植物	2
15	草坪	5

（17）连片灌木面积≤3m²或种植密度≤5株/m²，执行单株灌木栽植定额项目；单排灌木种植密度≤3株/m或双排灌木种植密度≤5株/m，执行单株灌木定额项目；连片灌木种植排数≥3排、面积＞3m²且种植密度＞5株/m²执行成片栽植定额项目；高度小于50cm的片植灌木按地被定额执行。

（18）本定额中的绿雕种植适用于绿雕、浮雕及圆雕的表面种植，种植密度设计与定额不同时可调整苗木消耗量，其他不变。

（19）片植植物种植密度超过本定额编制密度上限时，应按设计调整植物消耗量，其他不变，当片植灌木或地被设计冠幅超过2倍种植面积时，人工乘以系数1.2。

（20）垂直墙体绿化龙骨基层按《××省建筑工程计价标准》相关规定执行。

（21）假植按栽植、养护定额项目乘以系数0.4执行，不计苗木消耗量。假植认定以施工组织设计及现场签证为依据，假植时间按不超过1个月考虑。超过1个月的由甲、乙双方在合同中另行约定。

（22）在30°＜坡度≤45°的地块起挖、栽植、养护花草树木及盆花布置时，相应定额项目人工乘以系数1.2；坡度＞45°时各地根据具体措施自行考虑调整系数。高架桥绿化的栽植、养护按相应定额项目人工、机械乘以系数1.4，绿雕养护按垂直墙体绿化养护人工、机械乘以系数1.4。

（23）栽植工程养护是指园林植物栽植后至竣工验收移交期间的养护管理。

（24）定额中的乔木养护定额子目亦适用于棕榈类植物养护，地被养护定额子目适用于片植灌木养护。

（25）栽植工程养护定额项目按《园林绿化工程施工及验收规范》（CJJ 82—2012）编制，不同种类植物设置月养护调整系数，以月计算，不足1个月按1个月计，栽植工程月养护调整系数见表6.7，结合××省年平均降雨量设置气候区养护系数见表6.8，各地区可根据当地气候选择使用。

表6.7 各类植物栽植工程养护期及月养护调整系数表

植物类别	栽植工程养护期	月养护调整系数
乔木、灌木、攀缘植物、竹类、棕榈	6个月	第1月执行相应定额×1
		第2、3月按相应定额×0.7
		第4、5、6月按相应定额×0.4
草本花卉、花卉图案、垂直绿化、绿雕	3个月	按月执行相应定额×1
宿根花卉、块球根花卉、地被植物、草坪	3个月	第1月执行相应定额×1
		第2、3月按相应定额×0.7
水生植物	3个月	第1月执行相应定额×1
		第2、3月按相应定额×0.3

注：超过本表规定栽植养护期，由甲、乙双方在合同中另行约定或按最后一个月系数计算。

表6.8 栽植工程养护气候区系数表

全年平均降雨量/mm	600～800	800～1 000	1 000～1 600	1 600以上
气候区养护系数	2.0	1.5	1	0.85

注：本表系数适用于定额项目人工和水消耗量的调整。

（26）绿化施工现场无自有水源的情况下，还应计算洒水车浇水，栽植工程养护期内按施工组织设计区分不同规格苗木或用水量，执行洒水车浇水相应定额项目。栽植工程养护期不足1年时，按年折算成月使用。洒水车浇水定额项目包含10km内取水，超运距部分按当地政府有关规定或结合市场另行计算。

（27）大规格树木移植和古树名木的保护性移植应符合国家及省级行政主管部门的有关规定。超出定额项目规格范围的应依据专项施工组织设计方案另行计价。

（28）定额按正常栽植季节考虑，若遇非适宜季节栽植、养护，可根据经批准的施工组织设计或专项方案另行计价。

（29）栽植工程养护期从栽植分部工程验收合格起至工程竣工验收移交止，分部分项验收要求不清的，栽植施工期间养护按合同栽植工期的一半计算，栽植完工后养护期按合同约定或招标文件规定计算。

（30）定额的喷灌项目仅为园林绿化工程中特设安装项目。其他安装项目执行《××省通用安装工程计价标准》相应定额项目。

（31）边坡喷播植草、挂网、护坡及边坡绿化定额项目不含描杆、铺索、排水设施，发生时执行《××省市政工程计价标准》相应定额项目。

（32）边坡喷播植草、护坡定额项目基质厚度按表6.9考虑，遇基质厚度不同时，相应调整种植基质的消耗量。采用护坡材料与定额不同时可以调整。

表6.9 定额基质厚度

序号	项目名称	定额基质厚度/cm
1	土质边坡喷播	8
2	石质边坡喷播	10
3	喷厚层基材灌木护坡（植生格）	6
4	喷厚层基材灌木护坡（T型植生板）	6

（33）生态袋边坡绿化提升高度按地面标高至完成坡顶标高8m为界，超过8m时，超出部分按表6.10所列系数分段调整。

表6.10 分段系数

项目	人工	起重机械
提升高度/m	消耗量系数	消耗量系数
8<H≤15	1.1	1.25
15<H≤22	1.25	1.6
H>22	1.5	2

（34）生态袋边坡绿化种植基质配合比与定额不同时可以调整。
（35）边坡绿化生态修复工程用洒水车浇水时，执行相应定额项目乘以系数1.2。
（36）边坡绿化生态修复栽植工程养护执行相应植物定额项目。

6.3 计算实例

【例6.1】 某小区园林绿化施工如图6.1、图6.2所示。试计算绿化工程量、编制工程量清单并计算综合单价。

工程做法及其他说明：
（1）绿化种植说明：

① 按本图施工时，严格遵守现行规范《园林绿化工程施工及验收规范》（CJJ 82—2012）和《城市绿化和园林绿化用地植物材料木本苗》的规定。

② 绿化土壤应为良好土壤，不含建筑垃圾，绿地按设计要求构筑地形，播种地应施足基肥，整地注意组织好排水，将水排至道路或排水沟。

③ 严格按苗木表规格购苗，应选择枝干健壮、根系发达、主根完整、侧根短直和须根多、形体优美的苗木，所有苗木移植严格按土球设计要求起苗，按要求包扎、运输。

④ 孤植树应姿态优美、奇特、耐看，规则式种植的乔灌木，同一树种规格大小应统一，丛植和群植乔灌木应高低错落。

⑤ 植后应立即浇定根水，以后集中养护管理。

⑥ 乔木和点式布置的灌木栽植后要正、稳、固，即植株端正笔直，根系和土壤结合紧密，大苗、易倒的苗要紧扎固定。片式植物完成后，要以不见土，分支饱满，相互交错为准。草皮栽植平整度误差小于20 cm，在同一个坡上不得出现坑洼积水处。

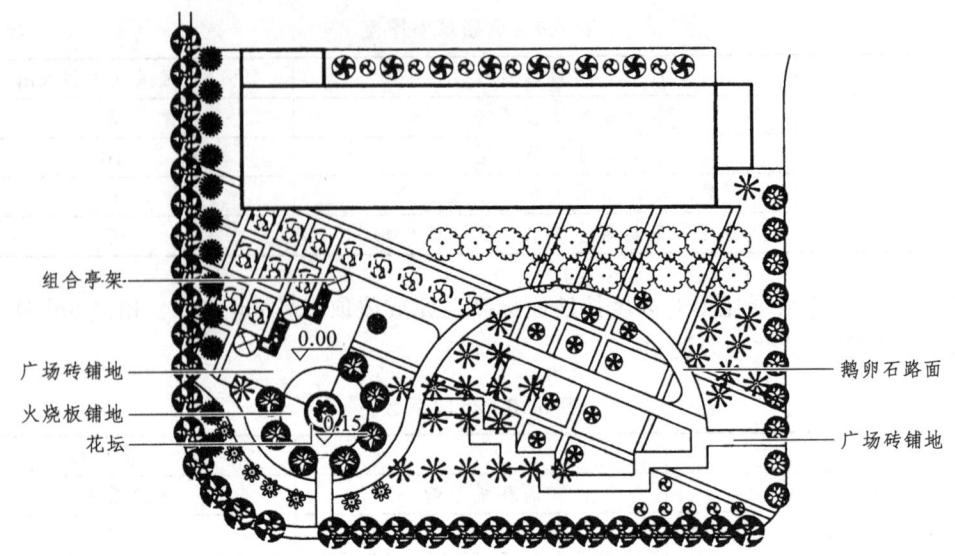

图 6.1 总平面图

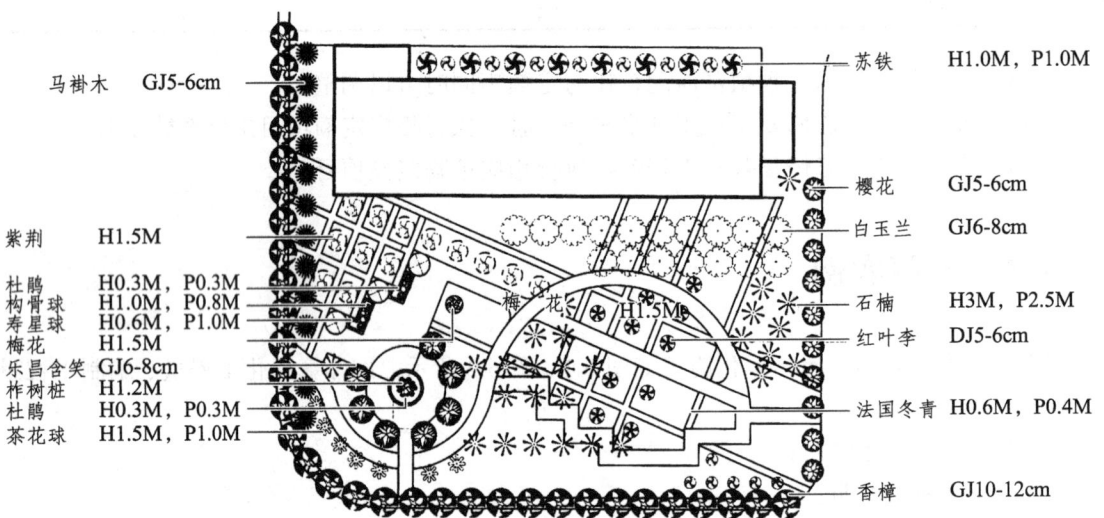

图 6.2 植物配置图

⑦ 挖树穴要正确，必须是坑壁垂直形，且要比根系球大出 30 cm 以上，加上有机肥，再覆土种植，使苗木今后生长强壮。植物挖穴时应注意：

a. 深挖洞，浅种树。洞一定要挖得深，而树要抬高了种，可以提高成活率。

b. 在种植乔木灌木等植物完成后，第一次灌水一定要浇透，且在刚栽完的一段时期内，要勤浇水，防止植物缺水死亡。

c. 在种植大树时，一定要注意其根系的排水问题，可以采取在树洞的底部挖排水沟或埋设排水管，也可以在种植大树时深挖树洞，再在底部放一些排水较好的东西，如碎砖块、沙子等，更好的也可以用透气性较好的东西，如泥炭、珍珠岩等，拌于种植土中或单独装在透气性好的袋子中，贴于树木的根部，增加树木的透气性。

d. 在种植过程中，其下部的土要较实，上部的较松，这样有利于植物的生长。

⑧ 施工过程中发现现场图样不符的地方通知设计师协调解决。苗木汇总表数量与平面布置图中苗木统计数有出入时，以平面布置图上的为准。

（2）工程预算编制说明：

① 本工程按三类土计算，全部苗木带土球栽植。

② 绿化面积按 1 922.19 m² 计算，属于暖地形。

③ 苗木养护期按半年计算，植物规格参考表 6.11。

④ 苗木价格按照某省三季度市场信息价计算。

⑤ 本工程的苗木香樟、樱花、柞树桩、茶花球、杜鹃由甲方供应，由甲方在开工前 7 天从距工地 100 m 的苗圃运入场地，工程开工后 10 天进行苗木栽植。

⑥ 本工程园林工程量计算规则参考《××省园林绿化工程计价标准》，计价规则参考《××省建设工程造价计价规则》。

⑦ 图样不详处，按常规做法处理。

【解】（1）编制绿化工程量清单，其中苗木香樟、樱花、柞树桩、茶花球、杜鹃由甲方供应，并在开工前运至场地内，同时开工 10 天后才进行栽植，由于植物的特殊性，在栽植前需要进行假植，因此清单项还需要列出这几种植物的假植项目，具体见表 6.11。

表 6.11 绿化工程量清单

序号	项目编码	项目名称	项目特征	计量单位	工程量
1	050101006001	整理绿化用地	找平找坡要求：30 cm 以内	m²	1 922.19
2	050102001001	栽植乔木（香樟）	1. 乔木种类：香樟 2. 乔木胸径：10～12 cm 3. 株高 4 m，冠径 2.5 m 4. 养护期：半年	株	32
3	050102001002	栽植乔木（马褂木）	1. 乔木种类：马褂木 2. 乔木胸径：5～6 cm 3. 株高 3.5 m，冠径 2 m 4. 养护期：半年	株	12
4	050102001003	栽植乔木（乐昌含笑）	1. 乔木种类：乐昌含笑 2. 乔木胸径：6～8 cm 3. 株高 4.5 m，冠径 1.5 m 4. 养护期：半年	株	7
5	050102001004	栽植乔木（樱花）	1. 乔木种类：樱花 2. 乔木胸径：5～6 cm 3. 株高 2 m，冠径 2.5 m 4. 养护期：半年	株	10
6	050102001005	栽植乔木（白玉兰）	1. 乔木种类：白玉兰 2. 乔木胸径：6～8 cm 3. 株高 2.5 m，冠径 1.8 m 4. 养护期：半年	株	17
7	050102001006	栽植乔木（红叶李）	1. 乔木种类：红叶李 2. 乔木干径：5～6 cm 3. 株高 2 m，冠径 1.2 m 4. 养护期：半年	株	10
8	050102001007	栽植乔木（梅花）	1. 乔木种类：梅花 2. 乔木干径：5～6 cm 3. 株高 1.5 m，冠径 2 m 4. 养护期：半年	株	1

续表

序号	项目编码	项目名称	项目特征	计量单位	工程量
9	050102001008	栽植乔木（石楠）	1. 乔木种类：石楠 2. 乔木胸径：8~10 cm 3. 株高 3 m，冠径 2.2 m 4. 养护期：半年	株	27
10	050102001009	栽植乔木（柞树桩）	1. 乔木种类：柞树桩 2. 乔木干径：29~30 cm 3. 株高 1.2 m，冠径 1.5 m 4. 养护期：半年	株	1
11	050102001010	栽植乔木（紫荆）	1. 乔木种类：紫荆 2. 乔木干径：5~6 cm 3. 株高 1.5 m，冠径 1. m 4. 养护期：半年	株	13
12	050102002001	栽植灌木（构骨球）	1. 灌木种类：构骨球 2. 灌丛高 1.0 m，蓬径 0.8 m 3. 养护期：半年	株	4
13	050102002002	栽植灌木（寿星球）	1. 灌木种类：寿星球 2. 灌丛高 0.6 m，蓬径 1.0 m 3. 养护期：半年	株	15
14	050102002003	栽植灌木（茶花球）	1. 灌木种类：茶花球 2. 灌丛高 1.5 m，蓬径 1.0 m 3. 养护期：半年	株	7
15	050102004001	栽植棕榈类（苏铁）	1. 棕榈种类：苏铁 2. 株高 1.0 m，地径 20 cm 3. 养护期：半年	株	8
16	050102005001	栽植绿篱（法国冬青）	1. 绿篱种类：法国冬青 2. 篱高：0.6 m，蓬径：0.4 m 3. 行数：单行 4. 养护期：半年	m	316.37
17	050102008001	栽植花卉（杜鹃）	1. 花卉种类：杜鹃 2. 株高：0.3 m，蓬径：0.3 m 3. 单位面积株数：25 株/m² 4. 养护期：半年	m²	29.64
18	050102012001	铺种草皮	1. 草坪种类：混播草 2. 铺种方式：满铺 3. 养护期：半年	m²	1 922.19
19	050102001011	假植乔木（香樟）	1. 乔木种类：香樟 2. 乔木胸径：10~12 cm 3. 株高 4 m，冠径 2.5 m 4. 养护期：一月	株	32
20	050102001012	假植乔木（樱花）	1. 乔木种类：樱花 2. 乔木胸径：5~6 cm 3. 株高 2 m，冠径 2.5 m 4. 养护期：一月	株	10
21	050102001013	假植乔木（柞树桩）	1. 乔木种类：柞树桩 2. 乔木干径：29~30 cm 3. 株高 1.2 m，冠径 1.5 m 4. 养护期：一月	株	1
22	050102002004	假植灌木（茶花球）	1. 灌木种类：茶花球 2. 灌丛高 1.5 m，蓬径 1.0 m 3. 养护期：一月	株	7
23	050102008002	假植花卉（杜鹃）	1. 花卉种类：杜鹃 2. 株高：0.3 m，蓬径：0.3 m 3. 单位面积株数：25 株/m² 4. 养护期：一月	m²	29.64

（2）绿化工程量清单项与定额项的匹配。

根据表 6.1 知绿化种植的工作内容包括：绿地整理、栽植花木、绿地喷灌；栽植花木的工作内容包括：苗木起挖、苗木运输、苗木栽植、苗木养护。但是 6.2.3 计价的相关规定中的第 12 条规定，说明了植物起挖、汽车运输苗木定额项目适用于绿化工程中已有植物移栽，不适用于新购置植物的栽植，新购置植物的起挖、运输包含在苗木单价中，不另计算，因此本例中仅计苗木的栽植与养护两项内容。再结合表 6.4 项目划分的描述，在计算本例绿化种植工程的综合单价时，应匹配的定额项如表 6.12 所示。

表 6.12 绿化工程量清单项与定额项的匹配

清单项		定额项（《××省园林绿化工程计价标准》）		
项目编码	项目名称	序号	定额编号	定额名称
050101006001	整理绿化用地	1	4-1-142	整理绿化种植地
050102001001	栽植乔木（香樟）	1	4-1-365	栽植带土球乔木胸径 12 cm 以内
		2	4-1-544	乔木养护胸径 16 cm 以内
050102001002	栽植乔木（马褂木）	1	4-1-362	栽植带土球乔木胸径 6 cm 以内
		2	4-1-542	乔木养护胸径 6 cm 以内
050102001003	栽植乔木（乐昌含笑）	1	4-1-363	栽植带土球乔木胸径 8 cm 以内
		2	4-1-543	乔木养护胸径 10 cm 以内
050102001004	栽植乔木（樱花）	1	4-1-362	栽植带土球乔木胸径 6 cm 以内
		2	4-1-542	乔木养护胸径 6 cm 以内
050102001005	栽植乔木（白玉兰）	1	4-1-363	栽植带土球乔木胸径 8 cm 以内
		2	4-1-543	乔木养护胸径 10 cm 以内
050102001006	栽植乔木（红叶李）	1	4-1-361	栽植带土球乔木干径 6 cm 以内
		2	4-1-542	乔木养护干径 8 cm 以内
050102001007	栽植乔木（梅花）	1	4-1-361	栽植带土球乔木干径 6 cm 以内
		2	4-1-542	乔木养护干径 8 cm 以内
050102001008	栽植乔木（石楠）	1	4-1-364	栽植带土球乔木胸径 10 cm 以内
		2	4-1-543	乔木养护胸径 10 cm 以内
050102001009	栽植乔木（柞树桩）	1	4-1-371	栽植带土球乔木干径 32 cm 以内
		2	4-1-547	乔木养护干径 32 cm 以内
050102001010	栽植乔木（紫荆）	1	4-1-361	栽植带土球乔木干径 6 cm 以内
		2	4-1-542	乔木养护干径 8 cm 以内
050102002001	栽植灌木（构骨球）	1	4-1-396	栽植单株带土球灌木冠径 80 cm 以内
		2	4-1-554	单株灌木养护冠径 100 cm 以内
050102002002	栽植灌木（寿星球）	1	4-1-397	栽植单株带土球灌木冠径 100 cm 以内
		2	4-1-554	单株灌木养护冠径 100 cm 以内
050102002003	栽植灌木（茶花球）	1	4-1-397	栽植单株带土球灌木冠径 100 cm 以内
		2	4-1-554	单株灌木养护冠径 100 cm 以内
050102004001	栽植棕榈类（苏铁）	1	4-1-451	栽植棕榈类地径 20 cm 以内
		2	4-1-545	乔木养护干径 24 cm 以内

续表

项目编码	项目名称	序号	定额编号	定额名称
050102005001	栽植绿篱（法国冬青）	1	4-1-424	栽植单排绿篱高度60 cm以内
		2	4-1-563	单排绿篱养护高度60 cm以内
050102008001	栽植花卉（杜鹃）	1	4-1-482	栽植地被植物密度25株/m^2
		2	4-1-584	地被植物养护
050102012001	铺种草皮	1	4-1-538	草坪播种
		2	4-1-585	草坪养护
050102001011	假植乔木（香樟）	1	4-1-365	栽植带土球乔木胸径12 cm以内
		2	4-1-544	乔木养护胸径16 cm以内
050102001012	假植乔木（樱花）	1	4-1-362	栽植带土球乔木胸径6 cm以内
		2	4-1-542	乔木养护胸径6 cm以内
050102001013	假植乔木（柞树桩）	1	4-1-371	栽植带土球乔木干径32 cm以内
		2	4-1-547	乔木养护干径32 cm以内
050102002004	假植灌木（茶花球）	1	4-1-397	栽植单株带土球灌木冠径100 cm以内
		2	4-1-554	单株灌木养护冠径100 cm以内
050102008002	假植花卉（杜鹃）	1	4-1-482	栽植地被植物密度25株/m^2
		2	4-1-584	地被植物养护

（3）本题中，相关的定额工程量计算规则与绿化工程清单分项的计算规则相同。

（4）经询价，知当地相关植物的未计价材料价格见表6.13。

表6.13 相关未计价材料的价格

项次	材料品名	规　格	计量单位	单价/元	备注
1	香樟	胸径：10～12 cm	株	980	甲方供应
2	马褂木	胸径：5～6 cm	株	450	
3	乐昌含笑	胸径：6～8 cm	株	700	
4	樱花	胸径：5～6 cm	株	480	甲方供应
5	白玉兰	胸径：6～8 cm	株	190	
6	红叶李	干径：5～6 cm	株	60	
7	梅花	干径：5～6 cm	株	280	
8	寿星球	灌丛高：0.6 m，蓬径：1.0 m	株	40	
9	柞树桩	干径：29～30 cm	株	1 800	甲方供应
10	苏铁	株高：1.0 m，地径：20cm	株	150	
11	紫荆	灌丛高：1.5 m，蓬径：1.5 m，干径：5～6 cm	株	280	
12	构骨球	灌丛高：1.0 m，蓬径：0.8 m	株	65	
13	茶花球	灌丛高：1.0 m，蓬径：1.0 m	株	80	甲方供应
14	石楠	灌丛高：3 m，蓬径：2.5 m，胸径：8～10 cm	株	380	
15	法国冬青	篱高：0.6 m，蓬径：0.4 m	m	1.5	
16	杜鹃	株高：0.3 m，蓬径：0.3 m	m^2	1.8	甲方供应

（5）定额的换算内容计算。

根据本章 6.2.3 节中计价的相关规定中的第 7 条规定，可以知道本例属于三类土，栽植定额中需要人工乘以系数 1.67 来计。第 21 条规定假植植物的栽植与养护均按对应定额项目的 0.4 倍来计。植物养护按照第 25 条表 6.7 规定来计。此以香樟为例说明换算方法。

示例：香樟拟套用定额换算

①栽植香樟：

4-1-365 栽植带土球乔木胸径 12cm 以内的定额单价换算：

定额人工费=1 033.71×1.67=1 726.30 元

规费=206.74×1.67=345.26 元

材料费增加植物价格的单价：

材料费=11.88+10.1×980=9 909.88 元

4-1-544 乔木养护胸径 16cm 以内的定额单价换算：

养护半年定额乘以系数=1+0.7×2+0.4×3=3.6

定额人工费=42.34×3.6=152.42 元

规费=8.47×3.6=30.49 元

材料费=7.95×3.6=28.62 元

机械费=0.57×3.6=2.05 元

②假植香樟：

4-1-365 栽植带土球乔木胸径 12cm 以内的定额单价换算：

定额人工费=1 033.71×0.4=413.48 元

规费=206.74×0.4=82.70 元

材料费中无植物价格=11.88×0.4=4.75 元

机械费=391.15×0.4=156.46 元

4-1-544 乔木养护胸径 16cm 以内的定额单价换算：

定额人工费=42.34×0.4=16.94 元

规费=8.47×0.4=3.39 元

材料费=7.95×0.4=3.18 元

机械费=0.57×0.4=0.23 元

（6）绿化分项工程综合单价计算见表 6.14。

（7）绿化项目分部分项工程费计算见表 6.15。

表 6.14 综合单价计算表

序号	项目编码	项目名称	计量单位	定额编号	定额名称	定额单位	数量	单价/元 人工费 定额人工费	单价/元 人工费 规费	单价/元 材料费	单价/元 机械费	清单综合单价组成明细 合价/元 人工费 定额人工费	合价/元 人工费 规费	合价/元 材料费	合价/元 机械费	管理费 25.08%	利润 13.43%	风险费 0.00%	综合单价/元
1	050101006001	整理绿化用地	m²	4-1-142	整理绿化种植地	100 m²	0.01	289.96	57.99			2.90	0.58	0.00	0.00	0.73	0.39		
					小计							2.90	0.58	0.00	0.00	0.73	0.39		4.60
2	050102001001	栽植乔木（香樟）	株	4-1-365 人工×1.67	栽植带土球乔木胸径12cm以内	10株	0.1	1726.30	345.26	9909.88	391.15	172.63	34.53	990.99	39.12	44.08	23.60		
				4-1-544× (1+0.7×2+ 0.4×3)	乔木养护胸径16cm以内（半年期）	10 株·月	0.1	152.42	30.49	28.62	2.05	15.24	3.05	2.86	0.21	3.83	2.05		
					小计							187.87	37.57	993.85	39.32	47.91	25.65		1332.18
3	050102001002	栽植乔木（马褂木）	株	4-1-362 人工×1.67	栽植带土球乔木胸径6cm以内	10株	0.1	374.58	74.92	4548.56		37.46	7.49	454.86	0.00	9.39	5.03		
				4-1-542× (1+0.7×2+ 0.4×3)	乔木养护胸径6cm以内（半年期）	10 株·月	0.1	118.62	23.72	17.57	1.37	11.86	2.37	1.76	0.14	2.98	1.59		
					小计							49.32	9.86	456.61	0.14	12.37	6.63		534.93
4	050102001003	栽植乔木（乐昌含笑）	株	4-1-363 人工×1.67	栽植带土球乔木胸径8cm以内	10株	0.1	651.43	130.29	7075.64		65.14	13.03	707.56	0.00	16.34	8.75		
				4-1-543× (1+0.7×2+ 0.4×3)	乔木养护胸径10cm以内（半年期）	10 株·月	0.1	132.05	26.42	22.18	1.69	13.20	2.64	2.22	0.17	3.32	1.78		
					小计							78.35	15.67	709.78	0.17	19.65	10.52		834.15

续表

清单综合单价组成明细

序号	项目编码	项目名称	计量单位	定额编号	定额名称	定额单位	数量	单价/元 人工费 定额人工费	单价/元 人工费 规费	单价/元 材料费	单价/元 机械费	合价/元 人工费 定额人工费	合价/元 人工费 规费	合价/元 材料费	合价/元 机械费	管理费 25.08%	利润 13.43%	风险费 0.00%	综合单价/元
5	050102001004	栽植乔木（樱花）	株	4-1-362人工×1.67	栽植带土球乔木胸径6cm以内	10株	0.1	374.58	74.92	4851.56		37.46	7.49	485.16	0.00	9.39	5.03		565.23
				4-1-542×(1+0.7×2+0.4×3)	乔木养护胸径6cm以内（半年期）	10株·月	0.1	118.62	23.72	17.57	1.37	11.86	2.37	1.76	0.14	2.98	1.59		
					小计							49.32	9.86	486.91	0.14	12.37	6.63		
6	050102001005	栽植乔木（白玉兰）	株	4-1-363人工×1.67	栽植带土球乔木胸径8cm以内	10株	0.1	651.43	130.29	1924.64		65.14	13.03	192.46	0.00	16.34	8.75		319.05
				4-1-543×(1+0.7×2+0.4×3)	乔木养护胸径10cm以内（半年期）	10株·月	0.1	132.05	26.42	22.18	1.69	13.20	2.64	2.22	0.17	3.32	1.78		
					小计							78.35	15.67	194.68	0.17	19.65	10.52		
7	050102001006	栽植乔木（红叶李）	株	4-1-361人工×1.67	栽植带土球乔木干径6cm以内	10株	0.1	146.58	29.31	607.49		14.66	2.93	60.75	0.00	3.68	1.97		104.68
				4-1-542×(1+0.7×2+0.4×3)	乔木养护干径8cm以内（半年期）	10株·月	0.1	118.62	23.72	17.57	1.37	11.86	2.37	1.76	0.14	2.98	1.59		
					小计							26.52	5.30	62.51	0.14	6.65	3.56		
8	050102001007	栽植乔木（梅花）	株	4-1-361人工×1.67	栽植带土球乔木干径6cm以内	10株	0.1	146.58	29.31	2829.49		14.66	2.93	282.95	0.00	3.68	1.97		326.88
				4-1-542×(1+0.7×2+0.4×3)	乔木养护干径8cm以内（半年期）	10株·月	0.1	118.62	23.72	17.57	1.37	11.86	2.37	1.76	0.14	2.98	1.59		
					小计							26.52	5.30	284.71	0.14	6.65	3.56		

续表

清单综合单价组成明细

序号	项目编码	项目名称	计量单位	定额编号	定额名称	定额单位	数量	单价/元 人工费 定额人工费	单价/元 人工费 规费	单价/元 材料费	单价/元 机械费	合价/元 人工费 定额人工费	合价/元 人工费 规费	合价/元 材料费	合价/元 机械费	管理费 25.08%	利润 13.43%	风险费 0.00%	综合单价/元
9	050102001008	栽植乔木（石楠）	株	4-1-364 人工×1.67	栽植带土球乔木胸径10cm以内	10株	0.1	1027.83	205.58	3846.91	312.91	102.78	20.56	384.69	31.29	26.41	14.14		603.19
				4-1-543×(1+0.7×2+0.4×3)	乔木养护胸径10cm以内（半年期）	10株·月	0.1	132.05	26.42	22.18	1.69	13.20	2.64	2.22	0.17	3.32	1.78		
					小计							115.99	23.20	386.91	31.46	29.72	15.92		
10	050102001009	栽植乔木（朴树桩）	株	4-1-371 人工×1.67	栽植带土球乔木干径32cm以内	10株	0.1	9369.03	1873.81	18263.16	2810.25	936.90	187.38	1826.32	281.03	240.61	128.85		3659.73
				4-1-547×(1+0.7×2+0.4×3)	乔木养护干径32cm以内（半年期）	10株·月	0.1	331.27	66.24	58.21	3.06	33.13	6.62	5.82	0.31	8.31	4.45		
					小计							970.03	194.00	1832.14	281.33	248.93	133.30		
11	050102001010	栽植乔木（紫荆）	株	4-1-361 人工×1.67	栽植带土球乔木干径6cm以内	10株	0.1	146.58	29.31	2829.49		14.66	2.93	282.95	0.00	3.68	1.97		326.88
				4-1-542×(1+0.7×2+0.4×3)	乔木养护干径8cm以内（半年期）	10株·月	0.1	118.62	23.72	17.57	1.37	11.86	2.37	1.76	0.14	2.98	1.59		
					小计							26.52	5.30	284.71	0.14	6.65	3.56		
12	050102002001	栽植灌木（构骨球）	株	4-1-396 人工×1.67	栽植单株带土球灌木冠径80cm以内	10株	0.1	97.71	19.54	658.64		9.77	1.95	65.86	0.00	2.45	1.31		86.22
				4-1-554×(1+0.7×2+0.4×3)	单株灌木冠径100cm以内（半年期）	10株·月	0.1	28.26	5.65	2.84	1.01	2.83	0.57	0.28	0.10	0.71	0.38		
					小计							12.60	2.52	66.15	0.10	3.16	1.69		

续表

清单综合单价组成明细

序号	项目编码	项目名称	计量单位	定额编号	定额名称	定额单位	数量	单价/元 人工费 定额人工费	单价/元 人工费 规费	单价/元 材料费	单价/元 机械费	合价/元 人工费 定额人工费	合价/元 人工费 规费	合价/元 材料费	合价/元 机械费	管理费 25.08%	利润 13.43%	风险费 0.00%	综合单价/元
13	050102002002	栽植灌木（寿星球）	株	4-1-397人工×1.67	栽植单株带土球灌木冠径100cm以内	10株	0.1	171.01	34.20	406.97		17.10	3.42	40.70	0.00	4.29	2.30		
				4-1-554×(1+0.7×2+0.4×3)	单株灌木养护冠径100cm以内（半年期）	10株·月	0.1	28.26	5.65	2.84	1.01	2.83	0.57	0.28	0.10	0.71	0.38		
					小计							19.93	3.99	40.98	0.10	5.00	2.68		72.67
14	050102002003	栽植灌木（茶花球）	株	4-1-397人工×1.67	栽植单株带土球灌木冠径100cm以内	10株	0.1	171.01	34.20	810.97		17.10	3.42	81.10	0.00	4.29	2.30		
				4-1-554×(1+0.7×2+0.4×3)	单株灌木养护冠径100cm以内（半年期）	10株·月	0.1	28.26	5.65	2.84	1.01	2.83	0.57	0.28	0.10	0.71	0.38		
					小计							19.93	3.99	81.38	0.10	5.00	2.68		113.07
15	050102004001	栽植棕榈类（苏铁）	株	4-1-451人工×1.67	栽植棕榈类地径20cm以内	10株	0.1	720.66	144.12	1584.98		72.07	14.41	158.50	0.00	18.07	9.68		
				4-1-545×(1+0.7×2+0.4×3)	乔木养护干径24cm以内（半年期）	10株·月	0.1	184.39	36.90	37.44	2.38	18.44	3.69	3.74	0.24	4.63	2.48		
					小计							90.50	18.10	162.24	0.24	22.70	12.16		305.95
16	050102005001	栽植绿篱（法国冬青）	m	4-1-424人工×1.67	栽植单排绿篱高度60cm以内	10m	0.1	103.82	20.76	92.99		10.38	2.08	9.30	0.00	2.60	1.39		
				4-1-563×(1+0.7×2+0.4×3)	单排绿篱养护高度60cm以内（半年期）	10m·月	0.1	9.72	1.94	4.64	3.92	0.97	0.19	0.46	0.39	0.25	0.13		
					小计							11.35	2.27	9.76	0.39	2.86	1.53		28.17

129

续表

清单综合单价组成明细

序号	项目编码	项目名称	计量单位	定额编号	定额名称	定额单位	数量	单价/元				合价/元				管理费	利润	风险费	综合单价/元
								人工费		材料费	机械费	人工费		材料费	机械费	25.08%	13.43%	0.00%	
								定额人工费	规费			定额人工费	规费						
17	050102008001	栽植花卉（杜鹃）	m²	4-1-482人工×1.67	栽植地被植物密度25株/m²	100 m²	0.01	1457.38	291.48	4619.70		14.57	2.91	46.20	0.00	3.66	1.96		76.99
				4-1-584×(1+0.7×5)	地被植物养护（半年期）	100 m²·月	0.01	418.73	83.75	96.84	8.51	4.19	0.84	0.97	0.09	1.05	0.56		
					小计							18.76	3.75	47.17	0.09	4.71	2.52		
18	050102012001	铺种草皮	m²	4-1-538人工×1.67	草坪播种	100 m²	0.01	365.41	73.08	176.56		3.65	0.73	1.77	0.00	0.92	0.49		20.42
				4-1-585×(1+0.7×5)	草坪养护（半年期）	100 m²·月	0.01	752.90	150.57	69.84	22.46	7.53	1.51	0.70	0.22	1.89	1.01		
					小计							11.18	2.24	2.46	0.22	2.81	1.50		
19	050102001011	假植乔木（香樟）	株	4-1-365×0.4	栽植带土球乔木胸径12cm以内	10株	0.1	413.48	82.70	4.75	156.46	41.35	8.27	0.48	15.65	10.68	5.72		85.17
				4-1-544×0.4	乔木养护胸径16cm以内	10株·月	0.1	16.94	3.39	3.18	0.23	1.69	0.34	0.32	0.02	0.43	0.23		
					小计							43.04	8.61	0.79	15.67	11.11	5.95		
20	050102001012	假植乔木（樱花）	株	4-1-362×0.4	栽植带土球乔木胸径6cm以内	10株	0.1	89.72	17.94	1.42		8.97	1.79	0.14	0.00	2.25	1.20		16.66
				4-1-542×0.4	乔木养护胸径6cm以内	10株·月	0.1	13.18	2.64	1.95	0.15	1.32	0.26	0.20	0.02	0.33	0.18		
					小计							10.29	2.06	0.34	0.02	2.58	1.38		

续表

序号	项目编码	项目名称	计量单位	定额编号	定额名称	定额单位	数量	单价/元 人工费 定额人工费	单价/元 人工费 规费	单价/元 材料费	单价/元 机械费	合价/元 人工费 定额人工费	合价/元 人工费 规费	合价/元 材料费	合价/元 机械费	管理费 25.08%	利润 13.43%	风险费 0.00%	综合单价/元
21	050102001013	假植乔木（柞树桩）	株	4-1-371×0.4	栽植带土球乔木干径32cm以内	10株	0.1	2244.08	448.82	33.26	1124.10	224.41	44.88	3.33	112.41	58.54	31.35		481.42
				4-1-547×0.4	乔木表护干径32cm以内	10株·月	0.1	36.81	7.36	6.47	0.34	3.68	0.74	0.65	0.03	0.92	0.49		
					小计							228.09	45.62	3.97	112.44	59.46	31.84		
22	050102002004	假植灌木（茶花球）	株	4-1-397×0.4	栽植单株带土球灌木冠径100cm以内	10株	0.1	40.96	8.19	1.19		4.10	0.82	0.12	0.00	1.03	0.55		7.15
				4-1-554×0.4	单株灌木养护冠径100cm以内	10株·月	0.1	3.14	0.63	0.32	0.11	0.31	0.06	0.03	0.01	0.08	0.04		
					小计							4.41	0.88	0.15	0.01	1.11	0.59		
23	050102008002	假植花卉（杜鹃）	m²	4-1-482×0.4	栽植地被植物密度25株/m²	100 m²	0.01	349.07	69.82	11.88		3.49	0.70	0.12	0.00	0.88	0.47		6.34
				4-1-584×0.4	地被植物养护	100 m²·月	0.01	37.22	7.44	8.61	0.76	0.37	0.07	0.09	0.01	0.09	0.05		
					小计							3.86	0.77	0.20	0.01	0.97	0.52		

表 6.15 分部分项工程清单与计价表

序号	项目编码	项目名称	项目特征	计量单位	工程量	综合单价	合价	金额/元 其中			备注 暂估价
								人工费 定额人工费	人工费 规费	机械费	
1	050101006001	整理绿化用地	找平找坡要求：30 cm 以内	m²	1922.19	4.60	8834.65	5573.58	1114.68	0.00	
2	050102001001	栽植乔木（香樟）	1. 乔木种类：香樟 2. 乔木胸径：10～12 cm 3. 株高 4m，冠径 2.5m 4. 养护期：半年	株	32	1332.18	42629.69	6011.90	1202.39	1258.25	
3	050102001002	栽植乔木（马褂木）	1. 乔木种类：马褂木 2. 乔木胸径：5～6 cm 3. 株高 3.5m，冠径 2m 4. 养护期：半年	株	12	534.93	6419.17	591.84	118.37	1.64	
4	050102001003	栽植乔木（乐昌含笑）	1. 乔木种类：乐昌含笑 2. 乔木胸径：6～8 cm 3. 株高 4.5m，冠径 1.5m 4. 养护期：半年	株	7	834.15	5839.03	548.44	109.70	1.18	
5	050102001004	栽植乔木（樱花）	1. 乔木种类：樱花 2. 乔木胸径：5～6 cm 3. 株高 2m，冠径 2.5m 4. 养护期：半年	株	10	565.23	5652.31	493.20	98.64	1.37	
6	050102001005	栽植乔木（白玉兰）	1. 乔木种类：白玉兰 2. 乔木胸径：6～8 cm 3. 株高 2.5m，冠径 1.8m 4. 养护期：半年	株	17	319.05	5423.81	1331.92	266.42	2.88	
7	050102001006	栽植乔木（红叶李）	1. 乔木种类：红叶李 2. 乔木干径：5～6cm 3. 株高 2m，冠径 1.2m 4. 养护期：半年	株	10	104.68	1046.82	265.20	53.03	1.37	
8	050102001007	栽植乔木（梅花）	1. 乔木种类：梅花 2. 乔木干径：5～6cm 3. 株高 1.5m，冠径 2m 4. 养护期：半年	株	1	326.88	326.88	26.52	5.30	0.14	

续表

序号	项目编码	项目名称	项目特征	计量单位	工程量	综合单价	合价	金额/元 其中			备注
								人工费 定额人工费	规费	机械费	暂估价
9	050102001008	栽植乔木(石楠)	1.乔木种类：石楠 2.乔木胸径：8~10cm 3.株高3m，冠径2.2m 4.养护期：半年	株	27	603.19	16286.22	3131.68	626.40	849.43	
10	050102001009	栽植乔木(柞树桩)	1.乔木种类：柞树桩 2.乔木干径：29~30cm 3.株高1.2m，冠径1.5m 4.养护期：半年	株	1	3659.73	3659.73	970.03	194.00	281.33	
11	050102001010	栽植乔木(紫荆)	1.乔木种类：紫荆 2.乔木干径：5~6cm 3.株高1.5m，冠径1.m 4.养护期：半年	株	13	326.88	4249.47	344.75	68.94	1.78	
12	050102002001	栽植灌木(构骨球)	1.灌木种类：构骨球 2.灌丛高1.0m，蓬径0.8m 3.养护期：半年	株	4	86.22	344.88	50.39	10.08	0.40	
13	050102002002	栽植灌木(寿星球)	1.灌木种类：寿星球 2.灌丛高0.6m，蓬径1.0m 3.养护期：半年	株	15	72.67	1090.07	298.90	59.78	1.51	
14	050102002003	栽植灌木(茶花球)	1.灌木种类：茶花球 2.灌丛高1.5m，蓬径1.0m 3.养护期：半年	株	7	113.07	791.50	139.49	27.90	0.71	
15	050102004001	栽植棕桐类(苏铁)	1.棕桐种类：苏铁 2.株高1.0m，地径20cm 3.养护期：半年	株	8	305.95	2447.58	724.04	144.82	1.90	
16	050102005001	栽植绿篱(法国冬青)	1.绿篱种类：法国冬青 2.篱高0.6m，蓬径：0.4m 3.行数：单行 4.养护期：半年	m	316.37	28.17	8910.58	3592.19	718.23	124.14	

133

续表

序号	项目编码	项目名称	项目特征	计量单位	工程量	综合单价	合价	金额/元 其中 定额人工费	人工费 规费	机械费	备注 暂估价
17	050102008001	栽植花卉（杜鹃）	1. 花卉种类：杜鹃 2. 株高：0.3 m，蓬径：0.3 m 3. 单位面积株数：25 株/m² 4. 养护期：半年	m²	29.64	76.99	2282.02	556.08	111.22	2.52	
18	050102012001	铺种草皮	1. 草坪种类：混播草 2. 铺种方式：满铺 3. 养护期：半年	m²	1922.19	20.42	39254.27	21496.00	4298.96	431.63	
19	050102001011	假植乔木（香樟）	1. 乔木种类：香樟 2. 乔木胸径：10~12 cm 3. 株高 4m，冠径 2.5m 4. 养护期：一月	株	32	85.17	2725.46	469.04	93.79	501.40	
20	050102001012	假植乔木（樱花）	1. 乔木种类：樱花 2. 乔木胸径：5~6 cm 3. 株高 2m，冠径 2.5m 4. 养护期：一月	株	10	16.66	166.64	102.90	20.58	0.15	
21	050102001013	假植乔木（桩树桩）	1. 乔木种类：桩树桩 2. 乔木干径：29~30cm 3. 株高 1.2m，冠径 1.5m 4. 养护期：一月	株	1	481.42	481.42	228.09	45.62	112.44	
22	050102002004	假植灌木（茶花球）	1. 灌木种类：茶花球 2. 灌丛高 1.5 m，蓬径 1.0 m 3. 养护期：一月	株	7	7.15	50.07	30.87	6.17	0.08	
23	050102008002	假植花卉（杜鹃）	1. 花卉种类：杜鹃 2. 株高：0.3 m，蓬径：0.3 m 3. 单位面积株数：25 株/m² 4. 养护期：一月	m²	29.64	6.34	187.79	114.50	22.90	0.22	
合计							159100.08	47091.55	9417.92	3576.47	

【例 6.2】 某园林绿地喷灌设施如图 6.3 所示。试计算绿地喷灌工程量、编制工程量清单并计算综合单价。

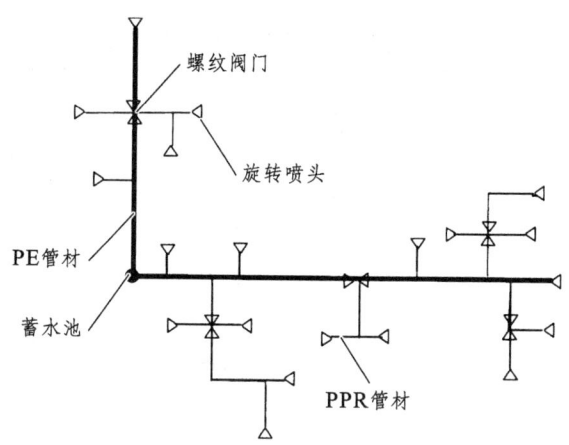

图 6.3 某绿地喷灌设施示意

工程说明：
（1）绿化给水采用市政水源，进行绿化养护。
（2）主管道管径 DN50，采用 PE 管材，公称压力为 1.6 MPa，总长为 1 800 m；分支管道管径 DN25，采用 PPR 给水管，公称压力为 1.0 MPa，总长为 4 500 m。管材均采用热熔连接；阀门采用螺纹阀。
（3）管线沿地形敷设，主管线埋深 1.0 m，喷管支管埋深 0.8 m。
（4）喷头采用埋藏旋转式喷头。

【解】（1）编制绿地喷灌工程量清单见表 6.16。

表 6.16 绿地喷灌工程量清单

序号	项目编码	项目名称	项目特征描述	计量单位	工程量
1	050103001001	喷灌管线安装	1. 管道：DN50 PE 给水管，公称压力 1.6 MPa 2. 管件：PE 管件 3. 管道固定方式：热熔连接	m	1 800
2	050103001002	喷灌管线安装	1. 管道：DN25 PPR 给水管，公称压力 1.0 MPa 2. 管件：PPR 管件 3. 管道固定方式：热熔连接	m	4 500
3	050103002001	喷灌配件安装	1. DN50 PE 管，阀门采用螺纹阀 2. 螺纹连接	个	2
4	050103002002	喷灌配件安装	1. DN25 PPR 管，阀门采用螺纹阀 2. 螺纹连接	个	3
5	050103002003	喷灌配件安装	1. 喷头采用埋藏旋转式喷头 2. 黏结剂连接	个	20

（2）绿地喷灌工程量清单项与定额项的匹配。
根据表 6.3 知喷灌管线安装的工作内容包括：①管道铺设；②管道固筑；③水压试验；④刷防护材料、油漆。喷灌配件安装的工作内容包括：①管道附件、阀门、喷头安装；②水

压试验；③刷防护材料、油漆。再结合表6.16项目分类的描述，在计算本例绿地喷灌工程的综合单价时，应匹配的定额项见表6.17。

表6.17 绿地喷灌工程量清单项与定额项的匹配

清单项		定额项			
项目编码	项目名称	序号	定额编号	项目名称	定额来源
050103001001	喷灌管线安装	1	2-10-261	室外塑料给水管（热熔连接）DN50	《××省通用安装工程计价标准》
050103001002	喷灌管线安装	1	2-10-259（换）	室外塑料给水管（热熔连接）DN32	
050103002001	喷灌配件安装	1	2-10-490	DN50以内螺纹阀安装	
050103002002	喷灌配件安装	1	2-10-487	DN25以内螺纹阀安装	
050103002003	喷灌配件安装	1	4-5-18	埋藏旋转喷灌喷头安装	《××省园林绿化工程计价标准》

（3）定额工程量计算：绿地喷灌给水管定额工程量与清单工程量算法一样，只是定额中以10 m为单位计；而阀门、喷头与清单工程量算法一样。

DN50 PE给水管的定额工程量为180（10 m）；

DN25 PPR给水管的定额工程量为450（10 m）；

DN50 PE管螺纹阀的定额工程量为2个；

DN25 PPR管螺纹阀的定额工程量为3个；

埋藏旋转式喷头的定额工程量为20个。

（4）相关定额与单位估价表。

拟套用的某省相关定额与单位估价见表4.11、表4.12及表6.18。

表6.18 绿地喷灌相关定额与单位估价表节录

工作内容：外观检查、清污（除锈）、安装、调试等。　　　　　　　计量单位：个

定额编号				4-5-18	4-5-19
项目名称				喷灌喷头安装	
				喷头	
				埋藏旋转、散射	换向摇臂式
基价/元				35.95	37.49
其中	其中	人工费/元		4.48	6.02
		定额人工费/元		3.73	5.02
		规费/元		0.75	1.00
	材料费/元			31.47	31.47
	机械费/元			—	—
		名称	单位	单价/元	数量
人工	综合工日12		工日	154.44	0.029	0.039
材料	塑料管件		个	13.10	1.000	1.000
	可调喷头		套	17.01	1.000	1.000
	塑料管卡FCL20		个	0.22	2.000	2.000
	其他材料费		元	1.00	0.920	0.920

（5）询价知当地相关未计价材料的价格参考表 6.19。

表 6.19 相关未计价材料的价格

项次	材料品名、规格	计量单位	单价/元
1	塑料给水管（DN50）PE 管	m	40.00
2	塑料给水管（DN25）PPR 管	m	25.00
3	塑料管热熔管件（DN50）	个	20.00
4	塑料管热熔管件（DN25）	个	8.00
5	低碳钢焊条 J422 ϕ3.2	kg	45.00
6	螺纹阀（DN50）	个	80.00
7	螺纹阀（DN25）	个	65.00
8	黑玛钢活接头（DN50）	个	45.00
9	黑玛钢六角内接头（DN50）	个	18.00
10	黑玛钢活接头（DN25）	个	15.00
11	黑玛钢六角内接头（DN25）	个	12.00

（6）拟套用定额材料费单价（增加未计价材料，换算后）计算如下。

2-10-261 DN50 室外塑料给水管（热熔连接）定额材料费单价：

$$2.02+10.2\times40+2.86\times20+0.002\times45=467.31 \text{ 元}/10\text{m}$$

2-10-490 DN50 以内螺纹阀门安装定额材料费单价：

$$9.39+1.01\times80+0.122\times45+1.01\times45+0.808\times18=155.67 \text{ 元}/\text{个}$$

2-10-259（换）DN32 室外塑料给水管（热熔连接）换 DN25，定额材料费单价：

$$1.45+10.2\times25+2.83\times8+0.002\times45=279.18 \text{ 元}/10\text{m}$$

2-10-487 DN25 以内螺纹阀门安装定额材料费单价：

$$3.33+1.01\times65+0.059\times45+1.01\times15+0.808\times12=96.48 \text{ 元}/\text{个}$$

（7）综合单价计算。

绿地喷灌分项工程综合单价计算见表 6.20。

表 6.20 综合单价计算表

序号	项目编码	项目名称	计量单位	定额编号	定额名称	定额单位	数量	单价/元					合价/元					管理费	利润	风险费	综合单价/元
								人工费			材料费	机械费	人工费			材料费	机械费				
								定额人工费	规费				定额人工费	规费						
1	050306001002	喷泉管道（DN50）	m	2-10-261	室外塑料给水管（热熔连接）DN50	10m	0.1	87.91	17.58		467.31	0.28	8.79	1.76		46.73	0.03	25.08% 2.21	13.43% 1.18	0%	60.69
							小计						8.79	1.76		46.73	0.03	2.21	1.18		
2	050306001003	喷泉管道（DN25）	m	2-10-259（换）	室外塑料给水管（热熔连接）DN32	10m	0.1	73.24	14.64		279.18	0.15	7.32	1.46		27.92	0.02	1.84	0.98		39.54
							小计						7.32	1.46		27.92	0.02	1.84	0.98		
3	050103002001	喷灌配件安装（DN50）	个	2-10-490	螺纹阀门安装 DN50	个	1	34.28	6.86		155.67	2.99	34.28	6.86		155.67	2.99	8.66	4.64		213.10
							小计						34.28	6.86		155.67	2.99	8.66	4.64		
4	050103002002	喷灌配件安装（DN25）	个	2-10-487	螺纹阀门安装 DN25	个	1	13.21	2.64		96.48	1.55	13.21	2.64		96.48	1.55	3.34	1.79		119.02
							小计						13.21	2.64		96.48	1.55	3.34	1.79		
5	050103002003	喷灌配件安装（喷头）	个	4-5-18	埋藏旋转式喷头	个	1	3.73	0.75		31.47	0.00	3.73	0.75		31.47	0.00	0.94	0.50		37.39
							小计						3.73	0.75		31.47	0.00	0.94	0.50		

（8）绿地喷灌项目分部分项工程费计算如表6.21所示。

表6.21 分部分项工程量清单与计价

序号	项目编码	项目名称	项目特征	计量单位	工程量	金额/元					
						综合单价	合价	其中			备注
								人工费		机械费	暂估价
								定额人工费	规费		
2	050103001001	喷灌管线安装(DN50)	1. 管道：DN50 PE给水管，公称压力1.6Mpa 2. 管件：PE管件 3. 管道固定方式：热熔连接	m	1 800	60.69	109 249.70	15 823.80	3 164.40	50.40	
3	050103001002	喷灌管线安装(DN25)	1. 管道：DN25 PPR给水管，公称压力1.0Mpa 2. 管件：PPR管件 3. 管道固定方式：热熔连接	m	4 500	39.54	177 938.71	32 958.00	6 588.00	0.00	
4	050103002001	喷灌配件安装(DN50)	1. DN50 PE管，阀门采用螺纹阀 2. 螺纹连接	个	2	213.10	426.19	68.56	13.72	5.98	
5	050103002002	喷灌配件安装(DN25)	1. DN25 PPR管，阀门采用螺纹阀 2. 螺纹连接	个	3	119.02	357.05	39.63	7.92	4.65	
6	050103002003	喷灌配件安装(喷头)	1. 喷头采用埋藏旋转式喷头 2. 黏结剂连接	个	20	37.39	747.73	74.60	15.00	0.00	
		合计					288 719.37	48 964.59	9 789.04	61.03	

本章习题

1. 某广场园林绿化如图6.4所示。试计算绿化工程量、编制工程量清单并计算综合单价。

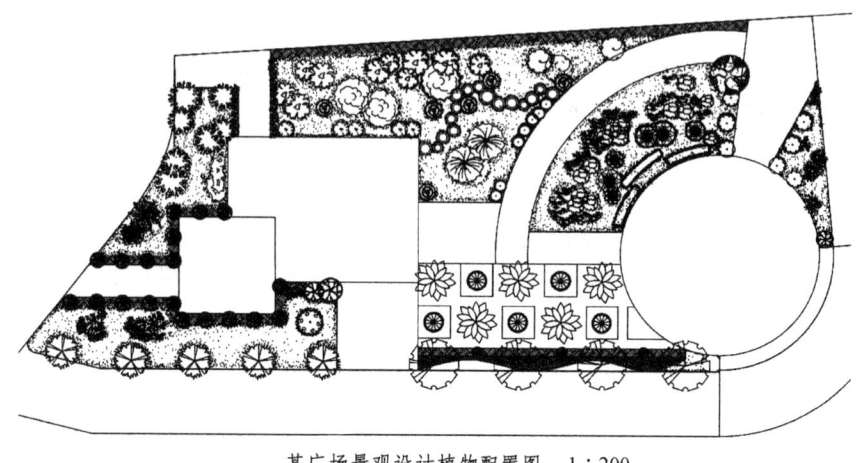

某广场景观设计植物配置图　1:200

序号	图例	植物名称	规格 株高/m	规格 冠幅/cm	规格 胸径/cm	单位	数量	备注	序号	图例	植物名称	规格 株高/m	规格 冠幅/cm	规格 胸径/cm	单位	数量	备注
1		银杏	8~9	200~250	10~12	株	4	全冠幅	18		龙爪槐	1.2	150~180	干径6	株	3	
2		垂柳	3	200~250	10~12	株	2	全冠幅	19		悬铃花	1.2	150~175		株	5	
3		女贞	6	250~300	8~10	株	8	全冠幅	20		南天竹	0.8~1	100~120		丛	3	
4		鱼尾葵	7	150~200	地径12~13	株	5	全冠幅	21		米兰	0.9~1	100~120		丛	1	
5		羊蹄甲	3	200~250	8~9	株	1	全冠幅	22		八角金盘	0.6~0.8	120~150		丛	4	
6		广玉兰	5~6	350~400	15~17	株	3	全冠幅	23		龟背竹	0.8	120~150		m²	5.582	9株/m²
7		桃花	2.5~2.7	250~300	10~12	株	6	全冠幅	24		鸳鸯茉莉	1.0~1.2	120~150		丛	1	
8		白兰花	4~5	150~200	12~15	株	3	全冠幅	25		九里香	0.8	70~80		丛	3	
9		蓝花楹	5	300~350	13~15	株	1	全冠幅	26		栀子	1.0	100~120		丛	8	
10		紫薇	1.6~1.7	160~200	干径6~7	株	19		27		毛叶丁香球	1.2	60~80		丛	6	
11		二乔玉兰	2.5	150~200	干径6~7	株	2		28		葱兰	0.15			m²	12.017	30株/m²
12		木槿	2~2.5	100~120		株	10		29		杜鹃	0.4			m²	2.783	30株/m²
13		腊梅	2.5	100~125	干径6~7	株	7		30		瓜子黄杨	0.6			m²	17.140	30株/m²
14		苏铁	1.3	100~110	地径15cm	株	2		31		六月雪	0.2			m²	15.795	30株/m²
15		合欢	2.5	120~150	干径4~6	株	2		32		结缕草				m²	231.061	播种
16		山茶	1.2~1.4	90~110	干径4~6	丛	14		33		麦冬	0.4			m²	134.866	30株/m²
17		红枫	1.5~1.6	120~150	干径4~6	丛	3		34		月季	0.6			m²	10.780	30株/m²

图 6.4 某广场景观设计植物配置

工程做法及其他说明：

（1）所有苗木移植严格按带土球设计要求起苗，栽植胸径在 120 mm 以上的乔木应设四脚桩支撑固定，栽植胸径在 120 mm 以下的乔木应设三脚桩支撑固定。

（2）本工程按二类土计算，绿化面积按 385 m² 计算，属于暖地形。

（3）苗木按三个月养护计算。

（4）苗木价格按照某省三季度市场信息价计算。

（5）本工程园林工程量计算规则参考当地园林绿化定额，计价规则参考当地建设工程造价计价规则。

（6）图样不详处，按常规做法处理。

2. 某小广场园林绿化如图 6.5 所示，试计算绿化工程量、编制工程量清单并计算综合单价。

序号	图例	名称	规格（H 高 P 冠幅 D 地径 G 干径 φ 胸径）	数量（株）	备注
1		广玉兰	H3~4 m φ8~10 cm P1.5~2.0m	7	
2		香樟	φ10 cm H3.5 m P2.0~2.5m	24	
3		丝兰	P50~60 cm H70 cm D10cm	8	
4		金桂	H3.5~4.0 m P3.5~4 m φ10 cm	12	
5		棕榈	H1.5~2.5 m D20 cm	23	
6		银杏	φ8~10 cm H3.5~4 m P1~1.5m	7	
7		紫薇	φ2~3 cm H1.5~2 cm G6cm	14	
8		紫荆	P1.5~1.8 cm H1.5~2 m G4cm	14	
9		红枫	D2~3 cm H1.5~2 m G4cm	22	
10		腊梅	P1.2~1.5 cm H1.8 m G4cm	7	
11		紫叶李	φ2~3 cm H1.5~2 m G6cm	5	
12		四季桂	H1.8 cm P1.2~1.5 m G5cm	6	
13		木槿	H1.5~1.8 cm P1.2~1.5 m	6	
14		毛鹃	P40~50 cm H40~50 cm	300 m²	16 株/m²
15		金叶女贞	P30~40 cm H40~50 cm	60 m²	49 株/m²
16		红花檵木	P30~40 cm H40~50 cm	20 m²	36 株/m²
17		大叶黄杨	P40~50 cm H50~60 cm	240 m²	16 株/m²
18		高羊茅		5 600 m²	播种

绿化苗木列表

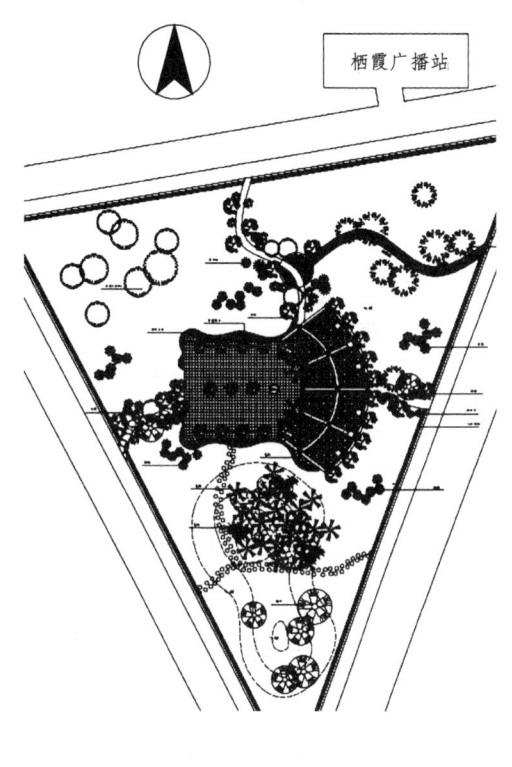

图 6.5　某小广场景观设计植物配置

工程做法及其他说明：

（1）所有苗木移植严格按裸根设计要求起苗，栽植胸径在 120 mm 以上的乔木应设四脚桩支撑固定，栽植胸径在 120 mm 以下的乔木应设三脚桩支撑固定。

（2）本工程按一类土计算，绿化面积按 5 600 m² 计算，属于暖地形。

（3）苗木按一年养护计算。

（4）苗木价格按照某省三季度市场信息价计算。

（5）本工程园林工程量计算规则参考当地园林绿化计价标准，计价规则参考当地建设工程造价计价规则。

（6）图样不详处，按常规做法处理。

第 7 章

园林假山工程

教学要求：

- 熟悉园林假山工程清单分项的划分标准；
- 掌握园林假山工程的工程量计算规则；
- 掌握园林假山工程的综合单价计算方法。

本章主要讨论园林假山工程的项目划分、工程量计算和综合单价计算问题。

7.1 项目划分

7.1.1 清单项目划分

1. 规范中的清单项目划分

《园林绿化工程工程量计算规范》（GB 50858—2013）将园林假山工程列为堆塑假山项目，具体分项见表 7.1。

表 7.1 堆塑假山（编码：050301）

项目编码	项目名称	项目特征	计量单位	工程量计算规则	工程内容
050301001	堆筑土山丘	1. 土丘高度 2. 土丘坡度要求 3. 土丘底外接矩形面积	m³	按设计图示山丘水平投影外接矩形面积乘以高度的1/3，以体积计算	1. 取土、运土 2. 堆砌、夯实 3. 修整
050301002	堆砌石假山	1. 堆砌高度 2. 石料种类、单块质量 3. 混凝土强度等级 4. 砂浆强度等级、配合比	t	按设计图示尺寸以质量计算	1. 选料 2. 起重机搭、拆 3. 堆砌、修整
050301003	塑假山	1. 假山高度 2. 骨架材料种类、规格 3. 山皮料种类 4. 混凝土强度等级 5. 砂浆强度等级、配合比 6. 防护材料种类	m²	按设计图示尺寸以展开面积计算	1. 骨架制作 2. 假山胎模制作 3. 塑假山 4. 山皮料安装 5. 刷防护材料

续表

项目编码	项目名称	项目特征	计量单位	工程量计算规则	工程内容
050301004	石笋	1. 石笋高度 2. 石笋材料种类 3. 砂浆强度等级、配合比	支	以块(支、个)计量，按设计图示数量计算	1. 选石料 2. 石笋安装
050301005	点风景石	1. 石料种类 2. 石料规格、质量 3. 砂浆配合比	块/t	1. 以块(支、个)计量，按设计图示数量计算 2. 以吨计量，按设计图示石料质量计算	1. 选石料 2. 起重架搭拆 3. 点石
050301006	池、盆景置石	1. 底盘种类 2. 山石高度 3. 山石种类 4. 混凝土砂浆强度等级 5. 砂浆强度等级、配合比	座/个	以块(支、个)计量，按设计图示数量计算	1. 底盘制作、安装 2. 池、盆景山石安装、砌筑
050301007	山(卵)石护角	1. 石料种类、规格 2. 砂浆配合比	m³	按设计图示尺寸以体积计算	1. 石料加工 2. 砌石
050301008	山坡(卵)石台阶	1. 石料种类、规格 2. 台阶坡度 3. 砂浆强度等级	m²	按设计图示尺寸以水平投影面积计算	1. 选石料 2. 台阶砌筑

2. 清单列项的相关说明

（1）假山（堆筑土山丘除外）工程的挖土方、开凿石方、回填等应按附录 A 绿化工程相关项目编码列项。

（2）如遇某些构配件使用钢筋混凝土或金属构件时，应按房屋建筑与装饰工程计量规范或市政工程计量规范相关项目编码列项。

（3）散铺河滩石按点风景石项目单独编码列项。

（4）堆筑土山丘，适用于夯填、堆筑而成。

7.1.2 定额项目划分

园林假山工程按工程类型进行定额项目划分，包括堆砌假山、景石、塑假山三个部分。各部分又按使用的材料品种划分子项，其分类见表 7.2。

表 7.2 定额项目分类

类别	类型	材料	包括的主要项目
堆砌假山	假山	湖石	高度分别在 1m、2m、3m、4m 以内的假山，每增减 1m
		山石	高度分别在 1m、2m、3m、4m 以内的假山，每增减 1m

续表

类别	类型	材料	包括的主要项目	
景石	石峰	湖石	人造湖石峰	高度分别在 3 m、4 m 以内的湖石峰
			整块湖石峰	高度在 5 m 以内的湖石峰
		人造山石峰	高度在 2 m、3 m、4 m 以内的人造山石石峰	
	景石	土山点石	高度分别在 2 m、3 m、4 m 以内的景石	
		布置景石	按景石总质量 1 t、5 t、10 t 以内、超过 10t 的景石	
塑假山	假山	砖骨架	外围表面高度在 2.5 m、6 m、10 m 以内、超过 10m 的塑假山	
		钢骨架	钢骨架钢网的塑假山	

7.2 工程量计算规则

7.2.1 清单规则

清单计量规则详见表 7.1 中的相关规定。

7.2.2 定额规则

（1）堆砌假山工程量按实际使用石料数量按质量计算。

堆砌假山工程量(t)＝假山石料进场验收数量(t)－进场假山石料剩余数量(t) （7.1）

（2）景石工程量。

①石峰按石料体积（取其长宽高的平均值）乘以石料容重（湖石：2.2 t/m³；其他石料按实调整）以质量计算。

②景石工程量计算公式与石峰工程量计算公式一致。

（3）塑假山工程量。

①塑假山工程量按设计图示尺寸以表面积计算。

②塑假山钢骨架制作及安装按设计图示尺寸乘以单位理论质量计算。

7.2.3 假山工程量计算方法

假山清单工程量以质量计，按以下公式计算：

$$W = A \cdot H \cdot R \cdot K_n \tag{7.2}$$

式中　W——石料质量（t）；

　　　A——假山平面轮廓的水平投影最大外接矩形面积（m²）；

H——假山着地点至最高点的垂直距离（m）；
R——石料密度（t/m³）（注：石料为湖石时，R 为 2.2；其他石料按实调整）；
K_n——实体折减系数，其取定值见表 7.3。

表 7.3 假山实体折减系数

序号	H	K_n
1	≤1m	0.77
2	1m＜H≤3m	0.653
3	＞3m	0.6

7.2.4 计价的相关规定

（1）堆砌假山定额项目按露天、地坪上施工考虑。

（2）人造湖石峰、人造山石峰指将若干湖石或山石辅以条石或钢筋混凝土预制板，用水泥砂浆、细石混凝土和铁件堆砌，形成石峰造型的一种假山。在假山顶部突出的石块，不执行人造独立峰定额项目。

（3）景石指天然独块的景石布置。

（4）塑假山：

① 塑假山未考虑模型制作费。塑砖骨架假山定额项目已包括砖骨架，如设计要求做部分钢筋混凝土骨架或其他材料骨架时，按比例进行换算，套用相应的定额项目。

② 塑钢骨架假山的钢骨架制作及安装项目未包括表面喷漆，如设计要求表面喷漆，应另行计算。

（5）堆砌假山、塑假山定额项目不包括基础。假山与基础的划分：地面以上按假山计算，地面以下按基础计算，基础执行《××省建筑工程计价标准》相应定额项目。

7.3 计算实例

【例 7.1】 某城市广场的太湖石景观，此石景为整块天然湖石，估算景石长度方向的平均值为 4.6 m，宽度方向的平均值为 2.5 m，高度方向的平均值为 4.2m，外围砌筑花池，其详细施工图如图 7.1、图 7.2 所示。试计算景石工程量、编制工程量清单并计算综合单价。

（1）清单工程量计算。

石峰按石料体积（取其长宽高的平均值）乘以石料密度（湖石：2.2 t/m³；其他石料按实调整）以质量计算，景观石的质量可以用如下公式近似计算：

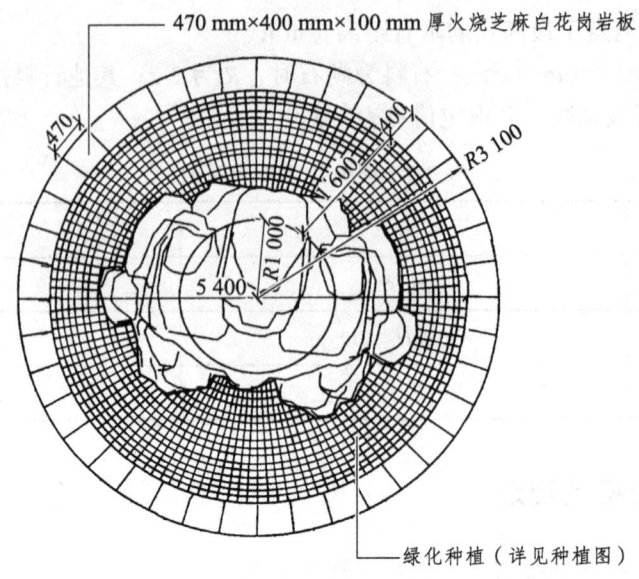

图 7.1 太湖石景平面

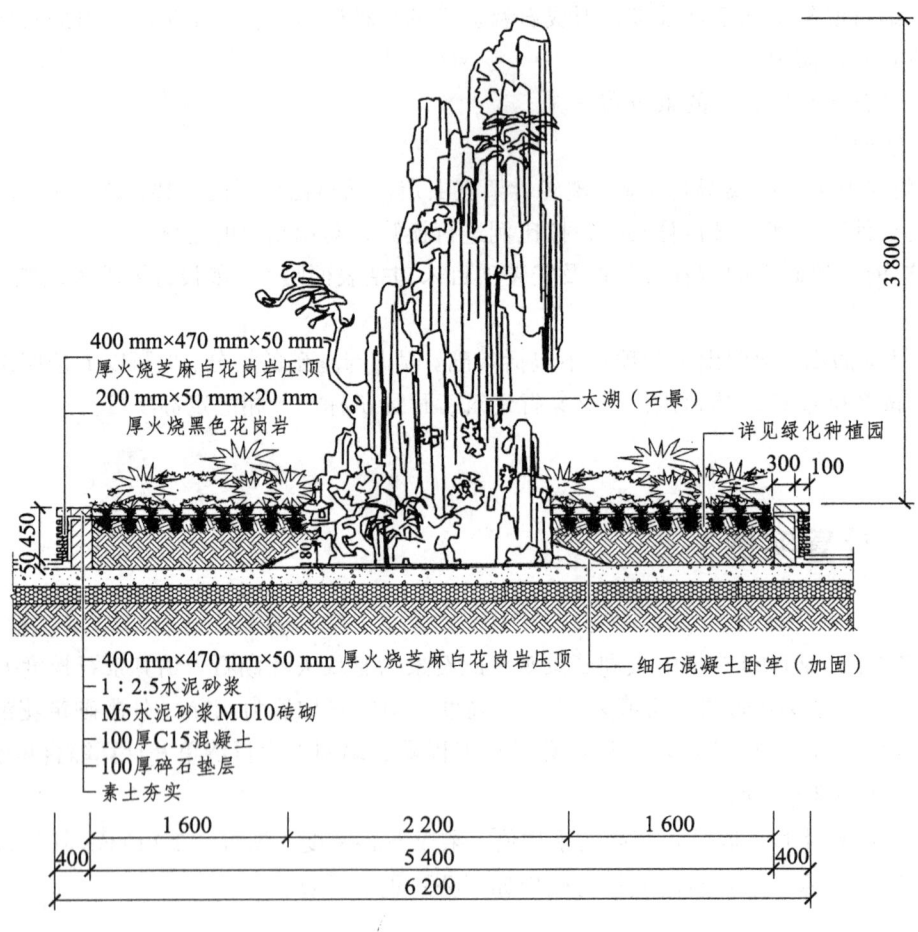

图 7.2 太湖石景立面

$$W = L \cdot B \cdot H \cdot R$$

式中 W——石料质量（t）；

L——景石长度方向的平均值（m）；

B——景石宽度方向的平均值（m）；

H——景石高度方向的平均值（m）；

R——石料密度（湖石：2.2 t/m³，其他石料按实调整）。

$$W = 4.6 \times 2.5 \times 4.2 \times 2.2 = 106.26 \text{ t}$$

（2）工程量清单编制，见表 7.4。

表 7.4 景石工程量清单

序号	项目编码	项目名称	项目特征描述	计量单位	工程量
1	050301005001	点风景石	1. 石料种类：湖石 2. 石料规格、质量：景石平均长 4.6 m，平均宽 2.5 m，平均高 4.2 m，质量为 106.26 t 3. 砂浆配合比：干混普通砌筑砂浆 DM M10	t	106.26

（3）清单项与定额项的匹配。

查表 7.1 知点风景石的工作内容包括：①选石料；②起重架搭、拆；③点石。

在计算本例景石分项工程的综合单价时，清单项与定额项的匹配见表 7.5。

表 7.5 清单项与定额项的匹配

清单项		定额项			
项目编码	项目名称	序号	定额编号	项目名称	定额来源
050301005001	点风景石	1	4-3-15	整块湖石峰高度 5 m 以内	《××省园林绿化工程计价标准》

（4）定额工程量计算。

该题景石工程量定额量同清单量，为 106.26 t。

（5）相关定额与单位估价表套用。

拟套用的某省相关定额与单位估价见表 7.6。

（6）询价知当地相关材料的价格见表 7.7。

（7）拟套用定额材料费单价计算如下：

4-3-15 整块湖石峰（高度 5 m 以内）材料费单价：

$$\text{定额单价} = 0.250 \times 400 + 1.000 \times 600 + 58.69$$
$$= 758.69 \text{ 元/t}$$

表 7.6 相关定额与单位估价表节录

计量单位：t

定额编号			4-3-15
项目名称			整块湖石峰
			高度/m
			≤5
基价/元			1 246.54
其中	人工费/元		978.85
	定额人工费/元		815.71
	规费/元		163.14
	材料费/元		58.69
	机械费/元		209.00
	名称	单位	单价/元	数量
人工	综合工日 19	工日	188.64	5.189
材料	湖石	t	—	(0.250)
	整块湖石峰	t	—	(1.000)
	预拌混凝土 C25	m³	361.00	0.100
	干混普通砌筑砂浆 DM M10	m³	375.74	0.030
	水	m³	5.94	0.170
	其他材料费	元	1.00	10.310
机械	汽车式起重机 提升质量12t	台班	929.24	0.224
	干混砂浆罐式搅拌机 公称储量 20 000L	台班	284.17	0.003

表 7.7 相关材料的价格

项次	材料品名、规格	计量单位	单价/元
1	湖石	t	400
2	整块湖石峰	t	600

（8）综合单价计算。

假山清单分项的综合单价计算见表 7.8。

表 7.8 综合单价分析

序号	项目编码	项目名称	计量单位	清单综合单价组成明细												综合单价/元
				定额编号	定额名称	定额单位	数量	单价/元				合价/元					
								人工费		材料费	机械费	人工费		材料费	机械费	管理费	利润	风险费	
								定额人工费	规费			定额人工费	规费						
1	050301005001	点风景石	t	4-3-15	整块湖石峰	t	1.0	815.71	163.14	758.69	209	815.71	163.14	758.69	209.00	208.77	111.80		2 267.11
				小计								815.71	163.14	758.69	209.00	208.77	111.80		

（9）分部分项工程费计算。

分部分项工程费计算如表7.9所示。

表7.9 分部分项工程清单与计价

序号	项目编码	项目名称	计量单位	工程量	金额/元		其中		
					综合单价	合价	人工费	机械费	暂估价
1	050301005001	点风景石	t	106.26	2 267.11	240 903.11	104 012.60	22 208.34	

【例7.2】 某绿地内有一黄石假山景观如图7.3~图7.5所示，已知石料密度：黄石为2.6 t/m³，其水平投影面积为42.5 m²。试列出假山的清单项目，计算相应工程量，并按当地的定额计算综合单价。

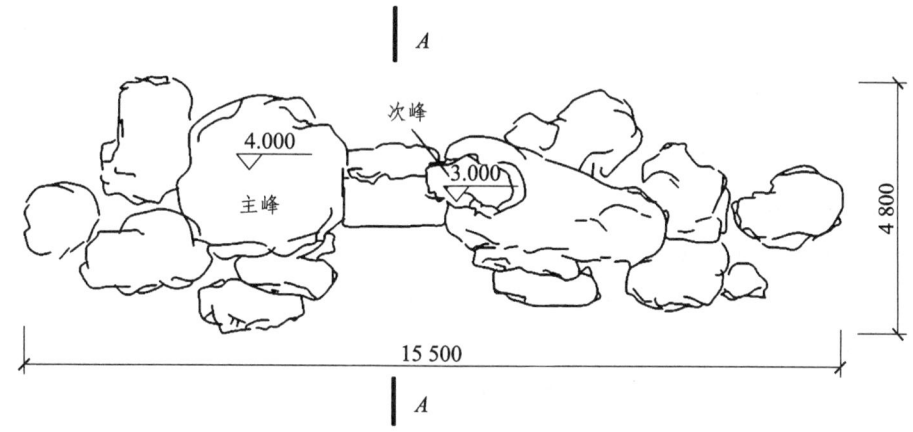

图7.3 黄石假山平面图

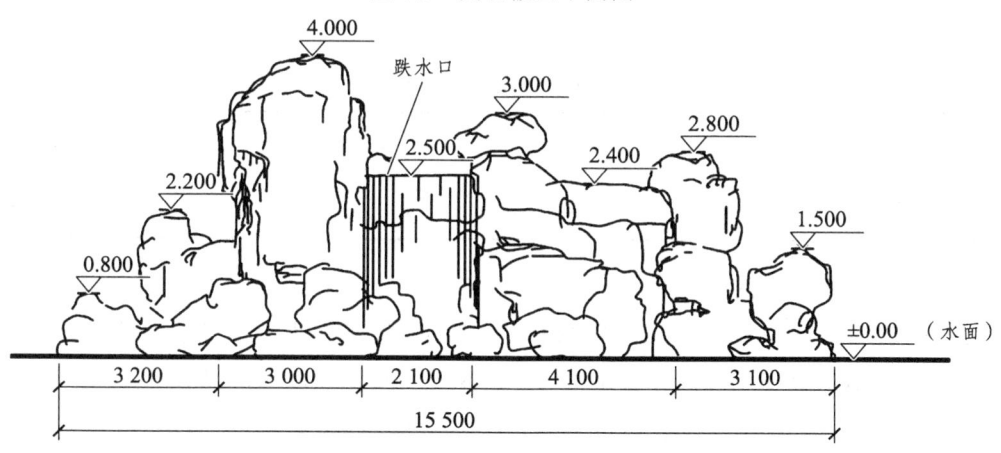

图7.4 黄石假山立面

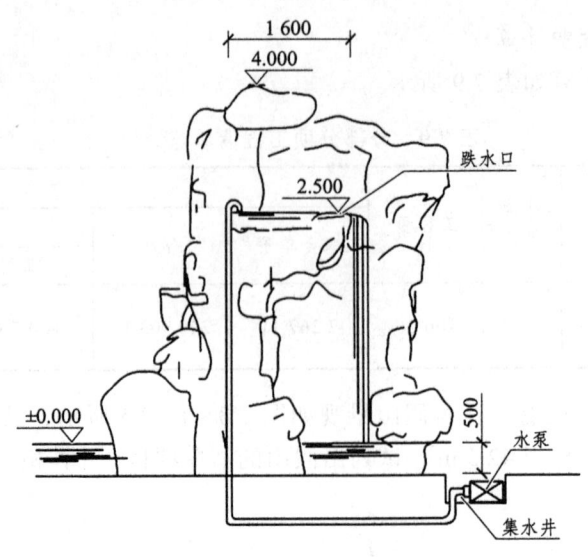

图 7.5 A—A 剖面图

（1）清单工程量计算。

$$W = A \cdot H \cdot R \cdot K_n$$

式中 W——石料质量（t）；

A——假山平面轮廓的水平投影面积（m²）；

H——假山着地点至最高顶点的垂直距离（m）；

R——石料密度，黄石为 2.6 t/m³；

K_n——折算系数：高度>3 m，$K_n=0.6$。

$$W_{假山} = 42.5 \times 4 \times 2.6 \times 0.6 = 265.2 t$$

（2）工程量清单编制见表 7.10。

表 7.10 假山工程量清单

序号	项目编码	项目名称	项目特征描述	计量单位	工程量
1	050301002001	堆砌石假山	1. 堆砌高度：4 m 2. 石料种类：黄石	t	265.2

（3）清单项与定额项的匹配。

查表 7.1 知堆砌石假山的工作内容包括：①选料；②起重机搭、拆；③堆砌、修整。在计算本例假山分项工程的综合单价时，清单项与定额项的匹配见表 7.11。

表 7.11 清单项与定额项的匹配

清单项		定额项			
项目编码	项目名称	序号	定额编号	项目名称	定额来源
050301002001	堆砌石假山	1	4-3-11	堆砌山石假山 高度≤4 m	《××省园林绿化工程计价标准》

（4）定额工程量计算。

堆砌石假山定额工程量按实际堆砌的石料以吨计算，该题 $W_{假山}$ 工程量定额量同清单量，为 265.2 t。

（5）相关定额与单位估价表套用。

拟套用的某省相关定额与单位估价见表 7.12。

（6）询价知当地相关材料的价格见表 7.13。

表 7.12 相关定额与单位估价表节录

计量单位：t

定额编号			4-3-8	4-3-9	4-3-10	4-3-11
项目名称			堆砌石假山			
			高度/m			
			≤1	≤2	≤3	≤4
基价/元			452.45	718.54	821.61	969.25
其中	人工费/元		339.55	556.68	594.40	679.10
	定额人工费/元		282.96	463.90	495.34	565.92
	规费/元		56.59	92.78	99.06	113.18
	材料费/元		41.14	82.38	116.14	157.71
	机械费/元		71.76	79.48	111.07	132.44
	名称	单位	单价/元	数 量		
人工	综合工日 19	工日	188.64	1.800	2.951	3.151	3.600
材料	山石	t	—	(1.000)	(1.000)	(1.000)	(1.000)
	预拌混凝土 C25	m³	361.00	0.060	0.080	0.080	0.100
	干混普通砌筑砂浆 DM M10	m³	375.74	0.040	0.050	0.050	0.050
	铁件（综合）	kg	5.93	—	5.000	10.000	15.000
	块石	m³	72.23	—	—	0.050	0.100
	水	m³	5.94	0.170	0.170	0.170	0.250
	其他材料费	元	1.00	3.440	4.050	4.550	5.160
机械	汽车式起重机 提升质量 12 t	台班	601.19	0.076	0.084	0.118	0.141
	干混砂浆罐式搅拌机 公称储量 20 000L	台班	284.17	0.004	0.005	0.005	0.005

表 7.13 相关材料的价格

项次	材料品名、规格	计量单位	单价/元
1	黄石	t	560

（7）拟套用定额材料费单价计算如下：

05020010 堆砌黄石假山（高度≤4 m）材料费单价：

定额单价 = $1.000 \times 560 + 157.71 = 717.71$ 元/t

（8）综合单价计算。

假山清单分项的综合单价计算见表 7.14。

表 7.14　综合单价分析

序号	项目编码	项目名称	计量单位	定额编号	定额名称	定额单位	数量	单价/元				合价/元						综合单价/元
								人工费		材料费	机械费	人工费		材料费	机械费	管理费	利润	风险费	
								定额人工费	规费			定额人工费	规费						
1	050301002001	堆砌石假山	t	4-3-11	堆砌石假山	t	1.0	565.92	113.18	717.71	132.44	565.92	113.18	717.71	132.44	144.59	77.43		1 751.27
					小计							565.92	113.18	717.71	132.44	144.59	77.43		

（9）分部分项工程费计算。

分部分项工程费计算见表 7.15。

表 7.15　分部分项工程清单与计价

序号	项目编码	项目名称	计量单位	工程量	金额/元				
					综合单价	合价	其中		
							人工费	机械费	暂估价
1	050301002001	堆砌石假山	t	265.2	1 751.27	464 436.804	180 097.32	35 123.09	

本章习题

1. 简述堆砌假山和塑假石山清单及定额工程量的计算规则。
2. 某石景如图 7.6、图 7.7 所示，石景材质为黄蜡石整石。试计算石景工程量及综合单价。

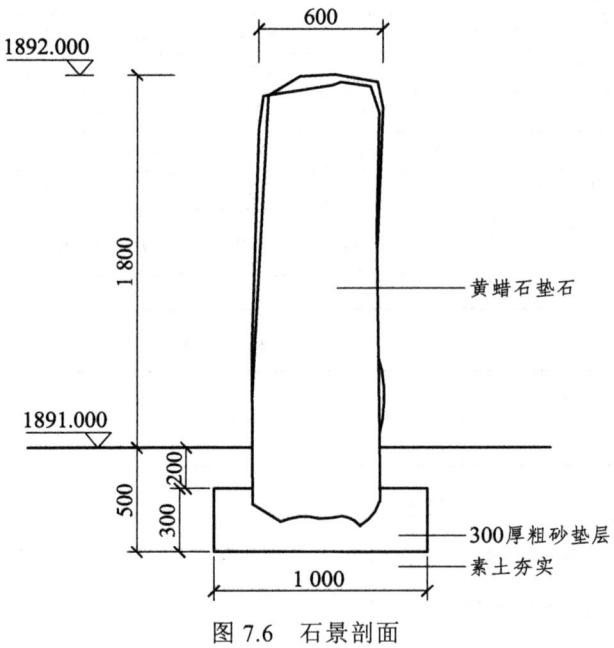

图 7.6　石景剖面

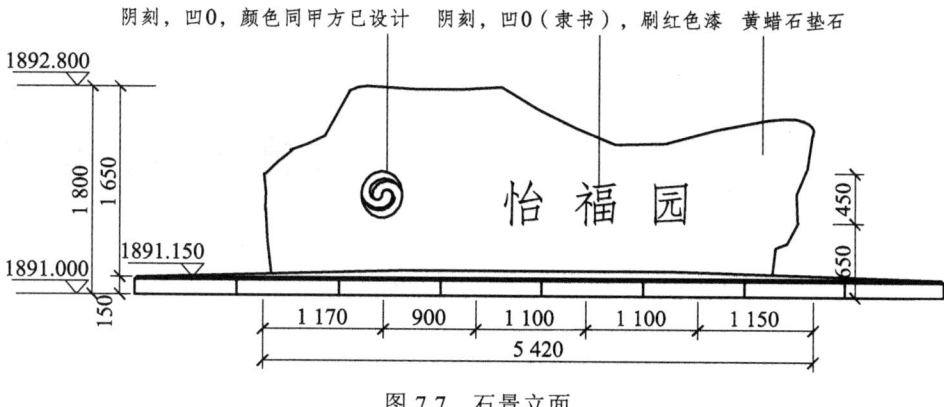

图 7.7 石景立面

第 8 章

园林工程措施项目

教学要求：
- 熟悉园林工程措施项目清单分项的划分标准；
- 掌握园林工程措施项目的工程量计算规则；
- 掌握园林工程措施项目的综合单价计算方法。

本章主要讨论园林工程中常用的脚手架、模板、垂直运输，树木支撑架、草绳绕树干、搭设遮阴（防寒）棚工程，围堰、排水工程，绿化工程保存养护的计量与计价。

8.1 项目划分

8.1.1 清单项目划分

《园林绿化工程工程量计算规范》（GB 50858—2013）将园林工程措施项目划分为技术措施项目和组织措施项目。组织措施项目的计算详情见第 1 章。技术措施项目包括脚手架工程，模板工程，树木支撑架、草绳绕树干、搭设遮阴（防寒）棚工程，围堰、排水工程等。

清单项目具体分项见表 8.1 ~ 表 8.6。

表 8.1 脚手架（编码：050401）

项目编码	项目名称	项目特征	计量单位	工程量计算规则	工程内容
050401001	砌筑脚手架	1. 搭设方式 2. 墙体高度	m²	1. 按墙的长度乘以墙的高度以面积计算（硬山建筑山墙高度算至山尖）；独立砖石柱高度在 3.6 m 以内时，按柱结构周长乘以柱高计算，独立砖石柱高度在 3.6 m 以上时，按柱结构周长加 3.6 m 乘以柱高计算 2. 凡砌筑高度在 1.5 m 及以上的砌体，应计算脚手架	1. 场内外材料搬运 2. 搭拆脚手架、斜道、上料平台 3. 铺设安全网 4. 拆除脚手架后材料的堆放

续表

项目编码	项目名称	项目特征	计量单位	工程量计算规则	工程内容
050401002	抹灰脚手架	1. 搭设方式 2. 墙体高度	m²	按抹灰墙面的长度乘以高度以面积计算（硬山建筑山墙高度算至山尖）；独立砖石柱高度在3.6 m以内时，按柱结构周长乘以柱高计算，独立砖石柱高度在3.6 m以上时，按柱结构周长加3.6 m乘以柱高计算	1. 场内外材料搬运 2. 搭拆脚手架、斜道、上料平台 3. 铺设安全网 4. 拆除脚手架后材料的堆放
050401003	亭脚手架	1. 搭设方式 2. 檐口高度	1. 座 2. m²	1. 以座计量，按设计图示数量计量 2. 以平方米计量，按建筑面积计算	1. 场内外材料搬运 2. 搭拆脚手架、斜道、上料平台 3. 铺设安全网 4. 拆除脚手架后材料的堆放
050401004	满堂脚手架	1. 搭设方式 2. 施工面高度	m²	按搭设的地面主墙间尺寸以面积计算	
050401005	堆砌（塑）假山脚手架	1. 搭设方式 2. 假山高度		按外围水平投影最大矩形面积计算	
050401006	桥身脚手架	1. 搭设方式 2. 桥身高度		按桥基础底面至桥面平均高度乘以河道两侧宽度，以面积计算	
050401007	斜道	斜道高度	座	按搭设数量计量	

表8.2 模板工程（编码：050402）

项目编码	项目名称	项目特征	计量单位	工程量计算规则	工程内容
050402001	现浇混凝土垫层	厚度	m²	按混凝土与模板接触面积计算	1. 制作 2. 安装 3. 拆除 4. 清理 5. 刷润滑剂 6. 材料运输
050402002	现浇混凝土路面				
050402003	现浇混凝土路牙、树池围牙	高度			
050402004	现浇混凝土花架柱	断面尺寸			
050402005	现浇混凝土花架梁	1. 断面尺寸 2. 梁底高度			
050402006	现浇混凝土花池	池壁断面尺寸	m²	按混凝土与模板接触面积计算	
050402007	现浇混凝土桌凳	1. 桌凳形状 2. 基础尺寸、埋设深度 3. 桌面尺寸、支墩高度 4. 凳面尺寸、支墩高度	1. m³ 2. 个	1. 以立方米计量，按设计图示混凝土体积计算 2. 以个计量，按设计图示数量计算	
050402008	石桥拱券石、石券脸胎架	1. 胎架面高度 2. 矢高、弦长	m²	按拱券石、石券脸弧形底面展开尺寸以面积计算	

表8.3 树木支撑架、草绳绕树干、搭设遮阴（防寒）棚工程（编码：050404）

项目编码	项目名称	项目特征	计量单位	工程量计算规则	工程内容
050403001	树木支撑架	1. 支撑类型、材质 2. 支撑材料规格 3. 单株支撑材料数量	株	按设计图示数量计算	1. 制作 2. 运输 3. 安装 4. 维护
050403002	草绳绕树干	1. 胸径（干径） 2. 草绳所绕树干高度	株	按设计图示数量计算	1. 搬运 2. 绕杆 3. 余料清理 4. 养护期后清除
050403003	搭设遮阴（防寒）棚	1. 搭设高度 2. 搭设材料种类、规格	1. m² 2. 株	1. 以立方米计量，按遮阴（防寒）棚外围覆盖层的展开尺寸以面积计算 2. 以株计量，按设计图示数量计算	1. 制作 2. 运输 3. 搭设、维护 4. 养护期后清除

表8.4 围堰、排水工程（编码：050405）

项目编码	项目名称	项目特征	计量单位	工程量计算规则	工程内容
050404001	围堰	1. 围堰断面尺寸 2. 围堰长度 3. 围堰材料及灌装袋材料种类、规格	1. m³ 2. m	1. 以立方米计量，按围堰断面面积乘以堤顶中心线长度，以体积计算 2. 以米计量，按围堰堤顶中心线长度以延长米计算	1. 取土、装土 2. 堆筑围堰 3. 拆除、清理围堰 4. 材料运输
050404002	排水	1. 种类及管径 2. 数量 3. 排水长度	1. m³ 2. 天 3. 台班	1. 以立方米计量，按需要排水量以体积计算，围堰排水量按堰内水面面积乘以平均水深计算 2. 以天计算，按需要排水日历天数计算 3. 以台班计算，按水泵排水工作台班计算	1. 安装 2. 使用、维护 3. 拆除水泵 4. 清理

8.1.2 定额项目划分

《××省园林绿化工程消耗量定额》的总说明中规定，本定额中未包含的措施项目内容，按照《房屋建筑与装饰工程消耗量定额》相应措施项目计算。与《园林绿化工程工程量计算规范》（GB 50858—2013）能够配套使用的措施定额，在房屋建筑与装饰工程中只有脚手架、模板工程。

《××省园林绿化工程消耗量定额》的措施项目包括：树木支撑、草绳绕干、搭设遮阴棚、搭设遮寒棚及树体输液、树干涂白、栽植基础处理、脚手架和园建材料二次搬运等措施定额。

脚手架工程清单项与定额项组合见表 8.5。

表 8.5 脚手架工程清单项与定额项组合

清单项	定额项（根据工程内容选用）
砌筑脚手架	外脚手架、里脚手架
抹灰脚手架	外脚手架、里脚手架、满堂脚手架
亭脚手架	亭廊综合脚手架
满堂脚手架	满堂脚手架
堆砌（塑）假山脚手架	外脚手架
桥身脚手架	外脚手架、满堂脚手架、浇灌运输道
斜道	依附斜道

模板工程清单项与定额项组合见表 8.6。

表 8.6 模板工程清单项与定额项组合

清单项	定额项（根据工程内容选用）
现浇混凝土垫层	混凝土基础垫层模板
现浇混凝土路面	平板组合钢模板、平板复合模板
现浇混凝土路牙、树池围牙	混凝土栏板组合钢模板
现浇混凝土花架柱	矩形柱、圆形柱、异型柱模板
现浇混凝土花架梁	异型梁、拱形梁、弧形梁木模板
现浇混凝土花池	零星构件模板
现浇混凝土飞来椅	
现浇混凝土桌凳	

注：由于选用《房屋建筑与装饰工程消耗量定额》中的模板定额，故只能根据工程内容选择最为接近的模板定额，更改其定额名称按其工程量计算规则计算即可。

8.2 工程量计算规则

8.2.1 清单规则

清单计量规则详见表 8.1 ~ 表 8.4 中的规定。

8.2.2 定额规则

定额计量规则规定如下:

(1)外脚手架按图示结构外墙外边线长度乘以外墙高度,以平方米计算,不扣除门窗洞、空圈洞口等所占面积。

(2)里脚手架按不扣除门、窗、洞口、空圈等所占面积的墙面垂直投影面积计算。

(3)满堂脚手架按室内净面积计算。其高度在 3.6~5.2 m 时,计算基本层,大于 5.2 m 时,每增加 1.2 m 按增加一层计算,不大于 0.6 m 的不计。

(4)浇灌运输道按所浇灌基础外围水平投影面积以面积计算。

(5)现浇混凝土模板工程量,除另有规定者,按模板与混凝土的接触面积以平方米计算。

(6)其余措施项目定额计算规则同清单计算规则。

8.3 计算实例

【例 8.1】 某城市广场有一堆砌湖石假山景观,假山水平投影的外接矩形估算长 4.6 m,宽 2.5 m,假山高度为 4.25 m,外围砌筑花池,其详细施工图如图 7.1、图 7.2 所示。试编制该假山工程的脚手架和模板工程措施项目工程量清单,并计算综合单价。

【解】 (1)脚手架措施项目。

① 清单工程量计算。

堆砌(塑)假山脚手架按外围水平投影最大矩形面积计算:

$$S = 4.6 \times 2.5 = 11.5 m^2$$

② 脚手架措施项目工程量清单见表 8.7。

表 8.7 脚手架措施项目工程量清单

序号	项目编码	项目名称	项目特征描述	计量单位	工程量
1	050401005001	堆砌(塑)假山脚手架	1. 搭设方式:钢管架单排外脚手架 2. 假山高度:4.25 m	m²	11.5

③ 定额工程量计算。

外脚手架按图示结构外墙外边线长度乘以外墙高度,以平方米计算:

$$L_{外} = (4.6 + 2.5) \times 2 = 14.2 m$$

$$S = 14.2 \times 4.25 = 60.35 m^2$$

④ 脚手架措施定额选择。

由于假山高度为 4.25 m,故应选择 1-18-1 落地式 5 m 以内单排脚手架,该定额的单位估价表节录见表 8.8。

表 8.8 相关定额与单位估价表节录（一）

计量单位：100 m²

定额编号				1-18-1	1-18-2
项目名称				落地式脚手架	
				5 m 以内	
				单排	双排
基 价/元				1 172.06	1 604.32
其中	人 工 费/元			575.75	815.13
	其中	定额人工费/元		479.79	679.28
		规 费/元		95.96	135.85
	材 料 费/元			528.06	716.07
	机 械 费/元			68.25	73.12
	名称	单位	单价/元	数量	
人工	综合工日 12	工日	154.44	3.728	5.278
材料	焊接钢管 ϕ48×3.6	t·d	3.43	37.776	57.172
	扣件	百套·d	1.4	118.295	162.770
	脚手架钢管底座	百套·d	1.4	15.508	16.787
	木脚手板	m³	1 732.80	0.060	0.084
	挡脚板	m³	1 732.80	0.007	0.007
	镀锌铁丝 4#	kg	4.65	8.600	8.900
	红丹防锈漆	kg	14.20	2.213	3.350
	垫木 60×60×60	块	3.56	2.020	2.020
	原木（综合）	m³	1 247.40	0.005	0.003
	缆风绳 ϕ8.0	kg	6.10	0.193	0.193
	防滑木条	m³	2 736.00	0.001	0.001
	圆钉（综合）	kg	4.92	1.050	1.090
	溶剂汽油 200#	kg	6.11	0.187	0.283
机械	载重汽车 载装质量 6 t	台班	487.48	0.140	0.150

（2）模板措施项目。

① 工程量计算。

假山的基础采用 100 mm 厚 C15 混凝土基础垫层，混凝土基础垫层模板的清单规则与定额规则一致，按混凝土与模板接触面积计算。

$$S=\pi DH=3.141\ 6\times 5.4\times 0.1=1.70\text{m}^2$$

② 模板措施项目工程量清单见表8.9。

表8.9 脚手架措施项目工程量清单

序号	项目编码	项目名称	项目特征描述	计量单位	工程量
1	050402001001	现浇混凝土垫层模板	1. 模板材料种类：木模板 2. 支架材料种类：钢管	m²	1.70

③ 模板措施定额选择。

现浇混凝土模板基础垫层中应选择1-18-109混凝土基础垫层复合模板，该定额的单位估价表节录见表8.10。

表8.10 相关定额与单位估价表节录（二）

计量单位：100 m²

定额编号				1-18-109
项目名称				基础垫层 复合垫层
基 价/元				4 851.15
其中		人 工 费/元		1 856.37
	其中	定额人工费/元		1 546.97
		规 费/元		309.40
	材 料 费/元			2 940.62
	机 械 费/元			54.16
	名称	单位	单价/元	数量
人工	综合工日12	工日	154.44	12.020
材料	复合模版	m²	62.93	24.675
	水泥砂浆1∶2	m³	317.77	0.012
	模板板枋材	m³	1 353.00	0.722
	圆钉（综合）	kg	4.92	1.837
	隔离剂	kg	4.84	10.000
	热轧光圆钢筋（综合）	kg	4.03	86.518
	镀锌铁丝ϕ0.7	kg	5.7	0.180
机械	载重汽车 载装质量6 t	台班	487.48	0.110
	木工圆锯机 直径500 mm	台班	14.51	0.037

（3）综合单价计算。

堆砌（塑）假山脚手架和现浇混凝土垫层模板清单分项的综合单价计算见表8.11。

表 8.11 假山综合单价分析

序号	项目编码	项目名称	计量单位	定额编号	定额名称	定额单位	数量	单价/元			合价/元							综合单价/元
								人工费		材料费	机械费	人工费		材料费	机械费	管理费	利润	风险费	
								定额人工费	规费			定额人工费	规费						
1	050401005001	堆砌（塑）假山脚手架	m²	1-18-1	落地式5m以内单排脚手架	100 m²	0.052 5	479.79	95.96	528.06	68.25	25.19	5.04	27.72	3.58	6.39	3.42		71.34
					小计							25.19	5.04	27.72	3.58	6.39	3.42		
2	050402001001	现浇混凝土垫层模板	m²	1-18-109	基础垫层复合垫层	100 m²	0.010 0	1546.97	309.4	2940.62	54.16	15.47	3.09	29.41	0.54	3.89	2.08		54.49
					小计							15.47	3.09	29.41	0.54	3.89	2.08		

（4）技术措施费用计算。

堆砌（塑）假山脚手架和现浇混凝土垫层模板清单分项的技术措施费用计算见表8.12。

表 8.12 措施费用清单与计价

序号	项目编码	项目名称	计量单位	工程量	金额/元				
					综合单价	合价	其中		
							人工费	机械费	暂估价
1	050401005001	堆砌（塑）假山脚手架	m²	11.5	71.34	820.41	347.65	41.17	
2	050402001001	现浇混凝土垫层模板	m²	1.7	54.49	92.63	31.55	0.92	
		合计				913.04	379.2	42.09	

本章习题

1. 某公园斧劈假山枯山施工图如图 8.1~图 8.3 所示。试计算脚手架和垫层模板的工程量，并计算综合单价。

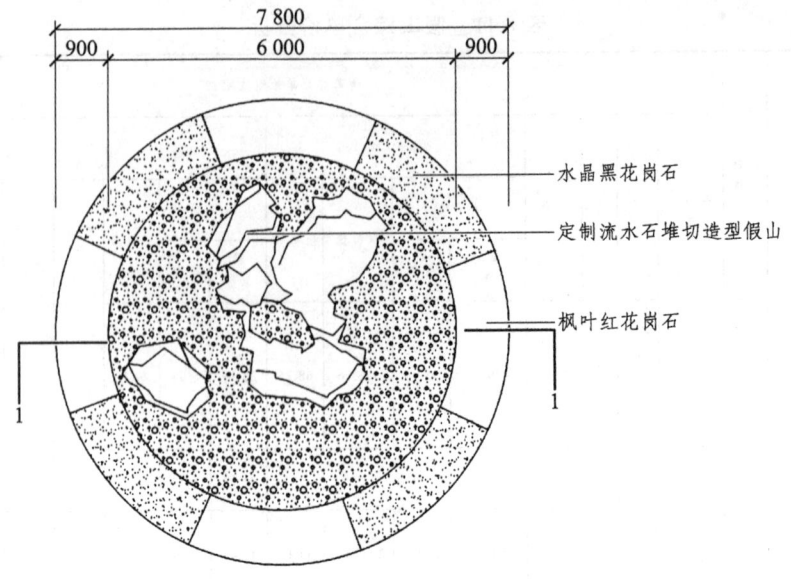

图 8.1 斧劈假山枯山平面

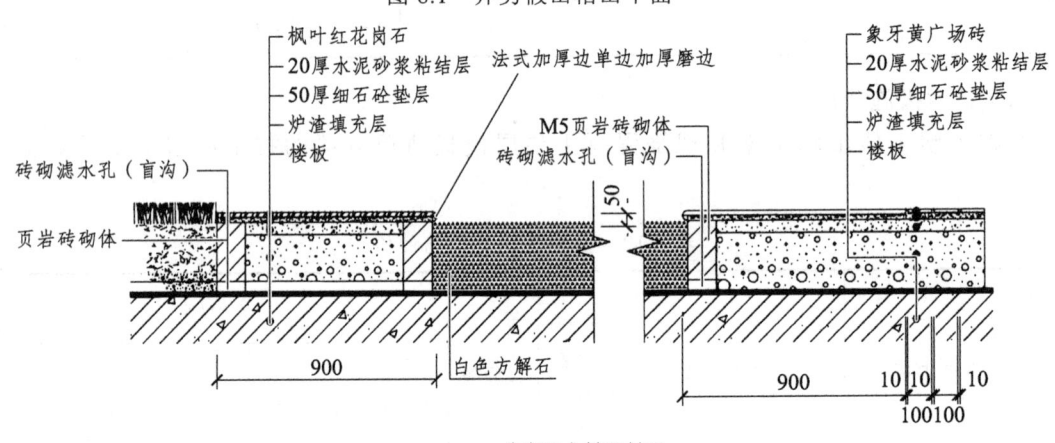

图 8.2 斧劈假山枯山花岗石台沿剖面

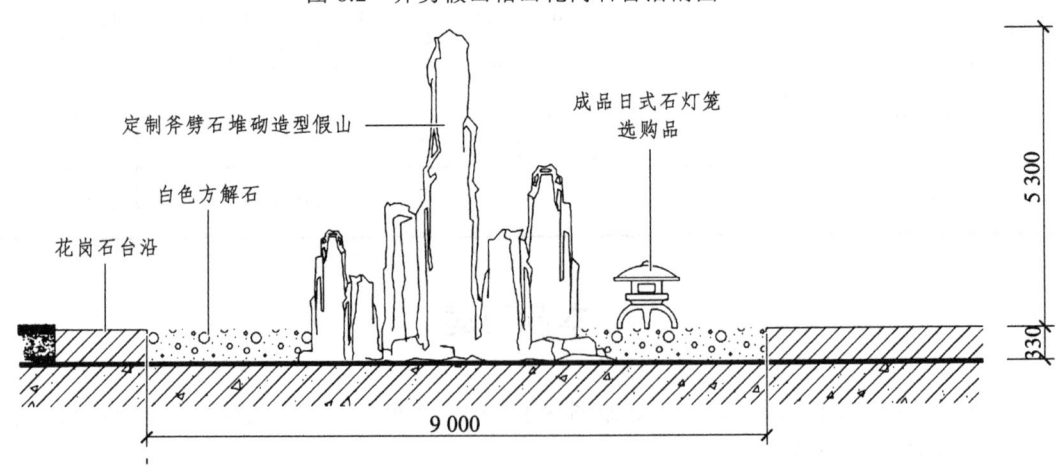

图 8.3 斧劈假山枯山立面

第 9 章

计算机辅助工程计价

教学要求：
- 熟悉计价软件的操作方法；
- 掌握计价软件中园林工程清单项与定额项的查询方法；
- 掌握计价软件中园林工程的综合单价计算方法、报表输出方法。

本章主要讨论采用广联达云计价平台 GCCP6.0 进行园林工程计价的方法。

9.1 计价软件概述

随着建筑产业市场化的飞速发展，工程造价行业的业务规模和业务需求也快速扩大，广大造价人员通过利用信息技术，提高了管理质量、工作效率，业务规模也在不断地增大，为计算机技术的应用创造了良好的条件。而计算机技术的飞速发展，也为工程造价行业提供好了充足的技术保证。工程造价软件的问世，一举打破了手工计算的难题，成为工程师们的必备工具。在工程量清单招标、定标的新时期，更是要求造价从业人员掌握技术、经济、管理、商务、合同、计算机软件应用等全方位的专业能力。

广联达云计价平台 GCCP6.0 由北京广联达科技股份有限公司研发，是广联达工程造价系列软件中的一款计价软件，它以操作界面简单、输入简便易学、界面友好、功能完善、计算速度快、结果精度较高等卓越功能，成为全国应用范围最广、覆盖面最大、造价业务必备的软件工具。

9.1.1 广联达云计价平台 GCCP6.0 的定位

广联达云计价平台 GCCP6.0 是广联达推出的融计价、招标管理、投标管理于一体的全新计价软件，旨在帮助工程造价人员解决电子招投标环境下的工程计价、招投标业务问题，使计价更高效、招标更便捷、投标更安全。

作为广联达招投标整体解决方案的核心产品，GCCP6.0 以工程量清单计价为业务背景，完整地支持电子招投标应用模式。

9.1.2 广联达云计价平台 GCCP6.0 的特点

1. 计价方法全面多样

软件中包含清单与定额两种计价方式，并提供"清单计价转定额计价"功能，满足不同工程的计价要求。软件覆盖全国30多个省（自治区、直辖市）的定额，并可以支持不同时期、不同专业的定额库，学会一个软件，会做全国报价。

2. 组价快速，调价方便

"复制组价到其他清单""内容指引"等功能可实现数据复用，快速组价；"多专业取费"功能智能选择不同专业清单项的取费文件；提供"工程造价调整""统一调整人材机单价"功能，一次性调整单位工程造价或整个项目的投标报价；提供材料换算、新标准规范、标准换算、批量换算等多种换算方式，实现调价过程。

3. 报表处理简便快速

"统一调整报表方案"功能，可以把本单位工程的报表格式快速复制给其他单位工程，实现快速调整报表格式；软件可以批量打印报表，并且可以设置报表打印范围，方便地打印所需要的报表；软件提供"批量导出Excel"，可以把需要的报表一次性导出为Excel格式。

4. 操作简单，设置灵活

"撤销与恢复"功能可有效避免操作失误；"复制与粘贴"功能操作灵活，提高了工作效率；工程文件存档路径可自由设置。导入Excel招标文件时，不仅可自动识别分部行、清单行，而且可导入实体、措施及其他项目等Excel表。

9.1.3 广联达云计价平台 GCCP6.0 的操作流程

广联达计价软件的操作流程：【启动软件】→【新建单位工程文件】→【工程概况】→【分部分项】→【措施项目】→【其他项目】→【人材机汇总】→【报表】。

9.2 计价软件的新建工程

9.2.1 软件的启动

开始→程序→广联达建设工程造价管理整体解决方案→广联达云计价平台GCCP6.0，进入软件初始界面。

9.2.2 新建工程文件

如图9.1所示，新建工程有新建概算、新建预算、新建结算和新建审核四种方式，若编制一份施工图预算造价文件则选择"新建预算"。在图9.2中选择计价方式为"招标项目"，选择地区标准，输入项目名称和编号等信息，点击"立即新建"。

图9.1 计价方式选择窗口

图9.2 新建招标项目对话框

如图9.3所示，软件自动生成单项工程和单位工程，若未自动生成则选中项目工程后点击鼠标右键，单击"新建单项工程"，在弹出的对话框中输入单项工程名称，点击确定。然后继续在单项工程下新建单位工程，如图9.4所示。

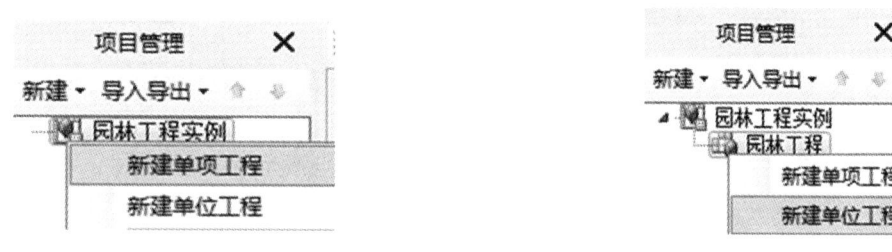

图9.3 新建单项工程界面　　　　　　　图9.4 新建单位工程界面

如图9.5所示，新建单位工程，在对话框中输入工程名称，选择清单库、清单专业、定额库、定额专业、模板类别和计税方式等工程基本信息，点击"立即新建"，完成新建。

如图9.6所示，双击选择某个单位工程，例如"园林假山工程"，进入清单文件编制。

图 9.5 新建单位工程对话框

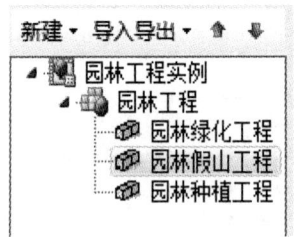

图 9.6 进入编辑窗口

9.2.3 工程概况

如图 9.7 所示，分别打开工程信息、工程特征，输入相关内容，软件自动将所输入的内容填入报表相关信息中。

图 9.7 工程信息对话框

系统除了提供常规工程信息外，还可以根据工程的具体特点增加信息项。

方法：在需要添加处单击鼠标右键，如图 9.8 所示，单击"插入"或"删除"，然后在信息项空白处输入名称和内容。

图 9.8 添加或插入信息项

9.3 分部分项工程费计算操作

如图 9.9 所示,单击导航栏"分部分项",以便套用清单项和定额项,可进行分部分项工程费的计算。清单编辑窗口如图 9.10 所示。

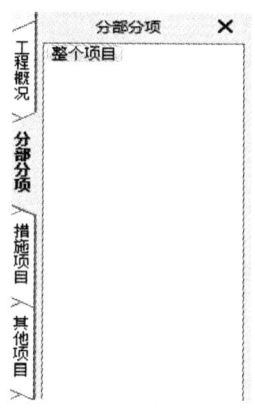

图 9.9 分部分项工程量清单导航栏

图 9.10 清单编辑窗口

9.3.1 查询清单项和定额项

1. 查询清单库

在清单编辑窗口中,点击"查询"菜单,单击"查询清单",出现清单查询的窗口,如图 9.11 所示。软件提供了两种查询输入方法。

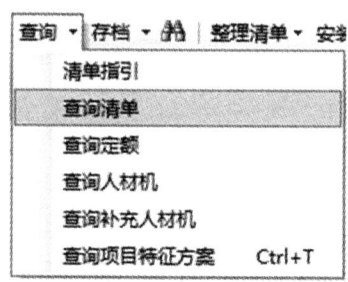

图 9.11 查询清单项

1）按章节查询

在左边选择章节,在右边找到要输入的清单项,用鼠标双击需要的清单项或者按回车键,该条清单就被输入到当前清单库中,如图9.12所示。可以连续双击多条清单,连续输入。

图9.12 章节查询对话框

2）按条件查询

如图9.13所示,若需查找某条清单或者定额,在"搜索"一栏中输入关键字,软件即可搜索出带有关键字的清单或者定额,选择需要的项目单击"插入"或"替换"。

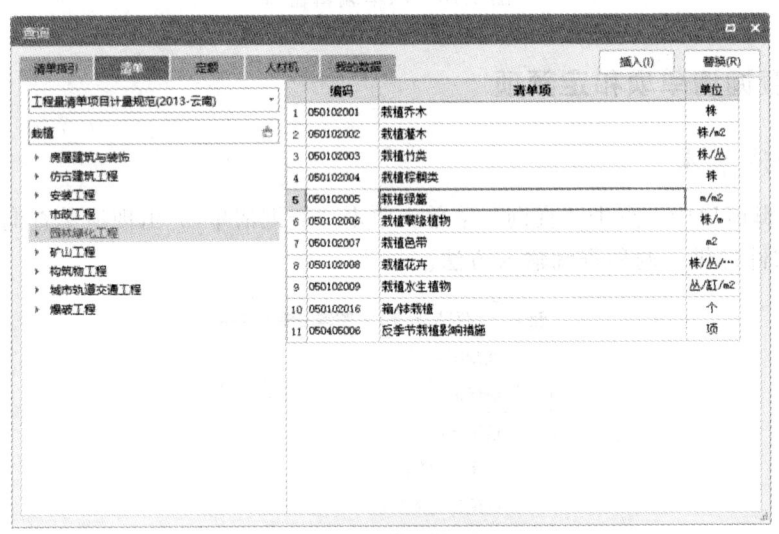

图9.13 条件查询对话框

2. 查询定额库

在清单编辑窗口中，先选中某个已套用清单项，再点击"查询"菜单，单击"查询定额"，出现定额查询的窗口，如图 9.14 所示。软件提供了两种查询输入方法，按章节查询和按条件查询，具体操作方法同查询清单，详见查询清单库。

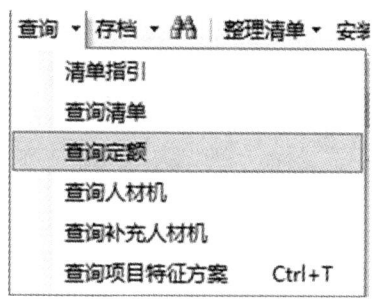

图 9.14 查询定额项

3. 查询清单指引

软件中，定额与清单已进行匹配，可同时套用清单项和定额项。在清单编辑窗口中，点击"查询"菜单，单击"清单指引"，出现查询窗口。在章节查询中选中需要的清单项，右边的窗口中显示与其匹配的定额项，在框中打钩即可进行多项选择，最后单击"插入清单"，如图 9.15 所示。

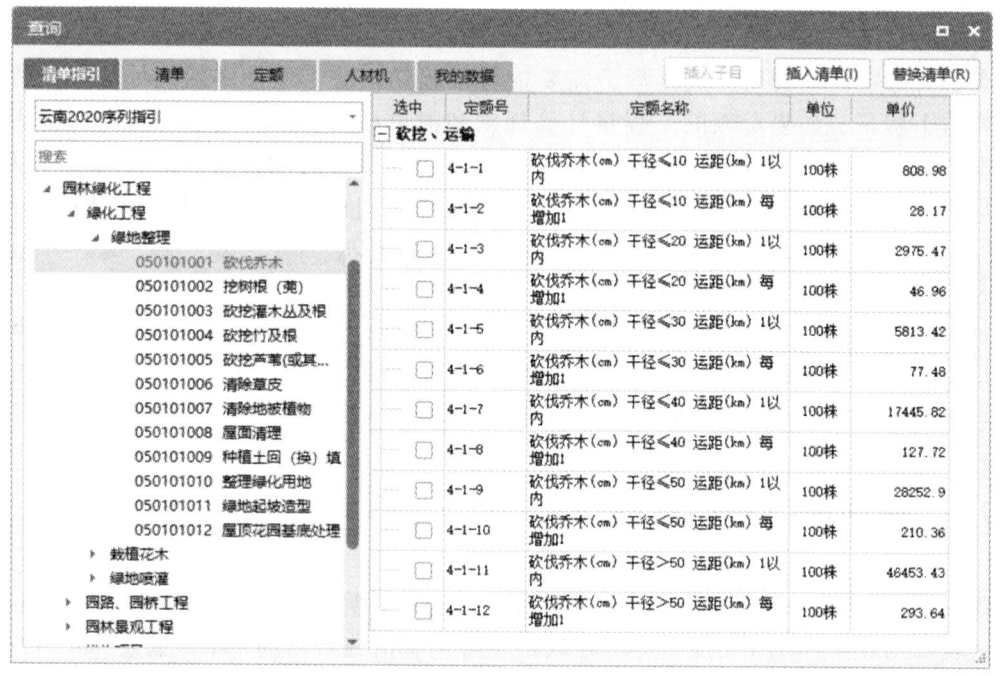

图 9.15 清单指引对话框

若定额中有未计价材料，即会弹出"未计价材料"窗口，在窗口中输入材料的市场价，点击确定，完成定额套用，如图 9.16 所示。

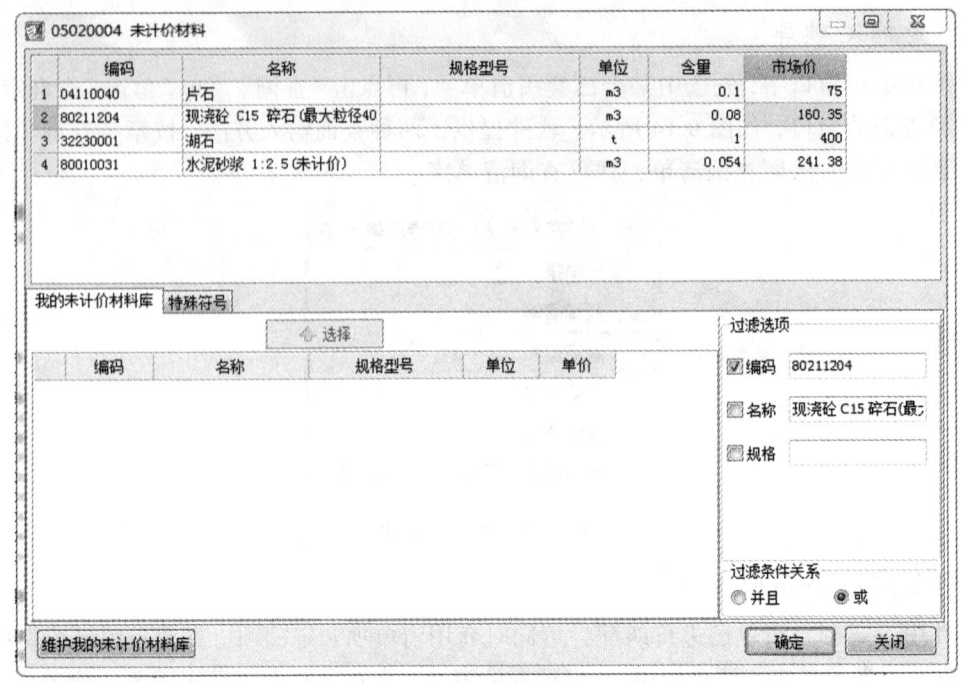

图 9.16　未计价材料对话框

9.3.2　输入清单量和定额量

清单项与定额项套用完成之后，需要输入工程量。在工程量表达式处输入按清单规则计算的工程量，如果定额的工程量计算规则和清单相同，则在定额行的工程量表达式中出现“QDL”，表示定额的工程量同清单的工程量，直接应用即可。定额的工程量计算规则与清单不同，则在工程量表达式处输入按定额规则计算的工程量，如图 9.17 所示。

	编码	类别	名称	专业	项目特征	单位	工程量表达式	含量	工程量	单价	合价
			整个项目								
1	050301002002	项	堆砌石假山			t	60.214		60.214		
	05020004	定	堆砌湖石假山 高度2m以内	园林		t	60.214	1	60.214	219.91	13241.66
2	050301002003	项	堆砌石假山			t	247.52		247.52		
	05020008	定	堆砌黄石假山 高度2m以内	园林		t	247.52	1	247.52	178.76	44246.68

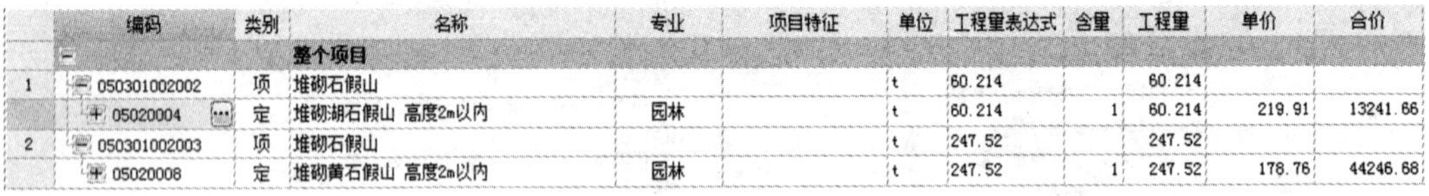

图 9.17　在工程量表达式处输入工程量

9.4　措施项目费计算操作

措施项目中的组织措施项目费，由软件自动完成计算，只需点击导航栏“措施项目”即可完成费用计算，如图 9.18 所示。在软件中可调整措施项目的“计算基数”和“费率”，选中计算基数后的三点按钮，双击选择所需费用代码，即可完成计算公式编辑，如图 9.19 所示。

	二		组织措施项目费										150.61
19			绿色施工及安全文明施工措施费	项		子措施组价				1	1	101.22	101.22
20	050405001001		安全文明施工及环境保护费	项		计算公式组价	FBFX_DERGF+JSCS_DERGF+(FBFX_DEJXF+JSCS_DEJXF)*8%	9.04		1	1	81.77	81.77
21	050405001002		临时设施费	项		计算公式组价	FBFX_DERGF+JSCS_DERGF+(FBFX_DEJXF+JSCS_DEJXF)*8%	2.15		1	1	19.45	19.45
22	050405005001		冬、雨季施工增加费、工程定位复测、工程点交、场地清理费	项		计算公式组价	FBFX_DERGF+JSCS_DERGF+(FBFX_DEJXF+JSCS_DEJXF)*8%	5.26		1	1	47.58	47.58
23	050405002001		夜间施工增加费	项		计算公式组价	FBFX_DERGF+JSCS_DERGF+(FBFX_DEJXF+JSCS_DEJXF)*8%	0.2		1	1	1.81	1.81
24	05B001		特殊地区施工增加费	项		计算公式组价	FBFX_DERGF+JSCS_DERGF+(FBFX_DEJXF+JSCS_DEJXF)*8%	0		1	1	0	0
25	05B002		压缩工期增加费	项		计算公式组价	FBFX_DERGF+JSCS_DERGF+FBFX_DEJXF+JSCS_DEJXF	0		1	1	0	0
26	05B003		行车、行人干扰增加费	项		计算公式组价	FBFX_DERGF+JSCS_DERGF+(FBFX_DEJXF+JSCS_DEJXF)*8%	0		1	1	0	0
27	050405008001		已完工程及设备保护费	项		计算公式组价		0		1	1	0	0
28	05B004		其他施工组织措施项目费	项		计算公式组价		0		1	1	0	0

图 9.18 措施项目费用计算界面

- 费用代码
  - 分部分项
  - 措施项目
  - 人材机
  - 多专业

	费用代码	费用名称	费用金额
1	FBFXHJ	分部分项合计	2415.86
2	RGF	分部分项人工费	1081.72
3	CLF	分部分项计价材料费	943.99
4	JXF	分部分项机械费	41.44
5	ZCF	分部分项未计价材料费	0
6	SBF	分部分项设备费	0
7	DLTSFDEJXF	独立土石方定额机械费	0
8	DLTSFDERGF	独立土石方定额人工费	0
9	ZJF	分部分项直接费	2067.23
10	FBFX_DERGF	分部分项定额人工费	901.25
11	FBFX_DEJXF	分部分项定额机械费	41.72
12	FBFX_RGGF	分部分项人工规费	180.47

图 9.19 措施项目计算基数调整

9.5 其他项目费计算操作

一般招标文件规定的暂列金额和暂估价等费用不允许更改，投标人部分费用如计日工、总承包服务费等在取费基数和费率处输入数据即可，如图 9.20 所示。

新建独立费

- 其他项目
  - 暂列金额
  - 专业工程暂估价
  - 计日工费用
  - 总承包服务费
  - 签证与索赔计价表
  - 专项技术措施暂估价

	序号	名称	计算基数	费率(%)	金额	费用类别
1		其他项目			1000000	
2	1	暂列金额	暂列金额		1000000	暂列金额
3	2	暂估价	专业工程暂估价+专项技术措施暂估价		0	暂估价
4	2.1	材料（设备）暂估价	ZGJCLHJ		0	材料（设备）…
5	2.2	专业工程暂估价	专业工程暂估价		0	专业工程暂估价
6	2.3	专项技术措施暂估价	专项技术措施暂估价		0	专项技术措施…
7	3	计日工	计日工		0	计日工
8	4	总承包服务费	总承包服务费		0	总承包服务费
9	5	索赔与现场签证	索赔与现场签证		0	索赔与现场签证
10	6	优质工程增加费			0	优质工程增加费
11	7	提前竣工增加费			0	提前竣工增加费
12	8	人工费调整	RGJC_HJ		0	人工费调整
13	9	机械燃料动力费价差	JXJC_HJ		0	机械燃料动力…

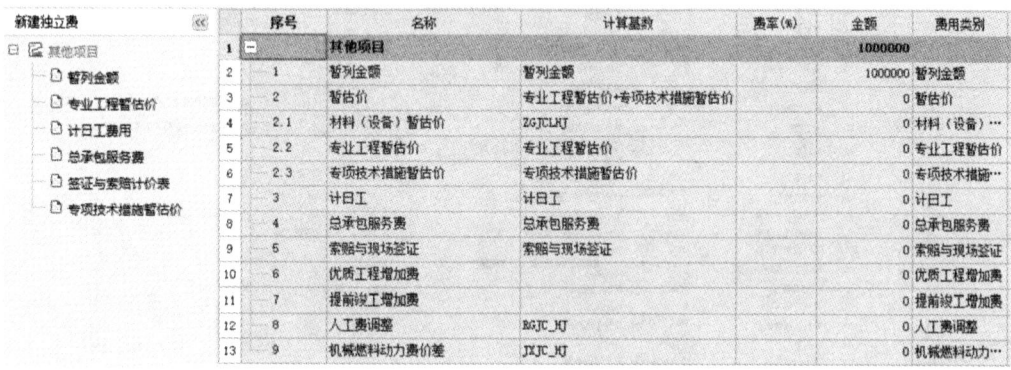

图 9.20 其他项目费用计算界面

9.6 人材机汇总

单击导航栏“人材机汇总”，可查看人工、材料、机械情况，如果需要调整，可按当地计价规则和当地的材料市场价格，修改人材机的市场价，软件按输入的市场价进行计算，如图 9.21 所示。

市场价合计：186349.77　　价差合计：0.00

	编码	类	名称	规格型号	单位	数量	预算价	市场价	价格来源	市场价合
1	40010061	人	人工费		元	50634.9141	1	1		50634.91
2	40010035	计价材	其他材料费		元	235.2202	1	1		235.22
3	35030029	计价材	木脚手板		m3	0.6154	1780	1780		1095.41
4	34110019	计价材	水		m3	52.3148	5.6	5.6		292.96
5	05120003	计价材	毛竹φ75		根	40.0054	5	5		200.03
6	03210305	计价材	铁件		kg	301.07	4.3	4.3		1294.6
7	99460187	机	折旧费及检修费等		元	1483.7452	1	1		1483.75
8	99090133	机	汽车式起重机	8t	台班	6.2149	601.19	601.19		3736.34
9	40010023	机	人工费		元	794.0156	1	1		794.02
10	14030004	机	柴油		kg	176.6896	8.26	8.26		1459.46
11	80350001	未计价	级配砂		m3	16.2484	0	0		0
12	34110019	未计价	水		m3	9.909	3	3	手动修改	29.73
13	32230001	未计价	湖石		t	60.214	400	400	手动修改	24085.6
14	04110077	未计价	碎石	40mm	m3	21.9106	60	60	手动修改	1314.64
15	04110040	未计价	片石		m3	6.0214	75	75	手动修改	451.61
16	0411002001	未计价	黄石		t	247.52	400	400		99008
17	04050028	未计价	细砂		m3	19.21	25	25	手动修改	480.25
18	04030003	未计价	矿碴硅酸盐水泥	P.S 32.5	t	7.7605	241.38	241.38	手动修改	1873.23
19	04030002	未计价	矿碴硅酸盐水泥	P.S 32.5	t	6.6963	241.38	241.38	手动修改	1616.35

图 9.21　人材机汇总界面

9.7　费用汇总

单击导航栏“费用汇总”,可查看分部分项工程量清单计价合计、措施项目清单计价合计、其他项目清单计价合计、规费和税金的费用。软件已内置当地计价规则，若另需调整，可按所需计价方式修改计算基数和费率，如图 9.22 所示。

插入 ｜ 保存为模板　载入模板 ｜ 批量替换费用表　　　费用汇总文件：园林绿化工程

	序号	费用代号	名称	计算基数	基数说明	费率(%)	金额	费用类别	备注	输出
1	1	A	分部分项工程	FBFXHJ	分部分项合计		208,248.30	分部分项合计	Σ（分部分项工程清单工程量*相应清单项目综合单价）	☑
2	1.1	A1	人工费	FBFX_DERGF	分部分项定额人工费		50,634.91		Σ（分部分项工程中定额人工费）	☑
3	1.2	A2	材料费	CLF+ZCF	分部分项计价材料费+分部分项未计价材料费		131,977.50			☑
4	1.3	A3	设备费	SBF	分部分项设备费		0.00			☑
5	1.4	A4	机械费	FBFX_DEJXF	分部分项定额机械费		3,735.69			☑
6	1.5	A5	管理费和利润	FBFX_GLF+FBFX_LR	分部分项管理费+分部分项利润		21,900.20			☑
7	2	B	措施项目	CSXMHJ	措施项目合计		9,473.68	措施项目费		☑
8	2.1	B1	单价措施项目	JSCSF	单价措施项目合计		0.00		Σ（单价措施项目清单工程量*清单综合单价）	☑
9	2.1.1	B11	人工费	JSCS_DERGF	单价措施定额人工费		0.00		Σ（单价措施项目中定额人工费）	☑
10	2.1.2	B12	材料费	JSCS_CLF+JSCS_ZCF+JSCS_SBF	单价措施项目计价材料费+单价措施项目未计价材料费+单价措施项目设备费		0.00			☑
11	2.1.3	B13	机械费	JSCS_DEJXF	单价措施定额机械费		0.00			☑
12	2.1.4	B14	管理费和利润	CSXM_GLF+CSXM_LR	措施项目管理费+措施项目利润		0.00			☑
13	2.2	B2	总价措施项目费	ZZCSF	总价措施项目合计		9,473.68		Σ（总价措施项目费）	☑
14	2.2.1	B21	安全文明施工费	AQWMSGF	安全及文明施工措施费		6,443.12	安全文明施工费		☑
15	2.2.1.	B211	临时设施费	LSSSF	临时设施费		1,237.69			☑
16	2.2.2	B22	其他总价措施项目费	ZZCSF-AQWMSGF	总价措施项目合计-安全及文明施工措施费		3,030.56			☑
17	3	C	其他项目	QTXMHJ	其他项目合计		100,000.00	其他项目费	Σ（其他项目费）	☑
18	3.1	C1	暂列金额	暂列金额	暂列金额		100,000.00			☑
19	3.2	C2	专业工程暂估价	专业工程暂估价	专业工程暂估价		0.00			☑
20	3.3	C3	计日工	计日工	计日工		0.00			☑
21	3.4	C4	总承包服务费	总承包服务费	总承包服务费		0.00			☑
22	3.5	C5	其他	QT	其他		0.00			☑
23	4	D	规费	D1 + D2 + D3	社会保险费、住房公积金、残疾人保证金+危险作业意外伤害险+工程排污费		13,671.43	规费	<4.1>+<4.2>+<4.3>	☑
24	4.1	D1	社会保险费、住房公积金、残疾人保证金	FBFX_DERGF+JSCS_DERGF+QTXM_DERGF	分部分项定额人工费+单价措施定额人工费+其他项目定额人工费	26	13,165.08	规费细项		☐
25	4.2	D2	危险作业意外伤害险	FBFX_DERGF+JSCS_DERGF+QTXM_DERGF	分部分项定额人工费+单价措施定额人工费+其他项目定额人工费	1	506.35	规费细项		☐
26	4.3	D3	工程排污费					规费细项	按有关规定计算	☐
27		E	不计税工程设备费							☐
28	5	F	税金	A+B+C+D-E	分部分项工程+措施项目+其他项目+规费-不计税工程设备费	3.48	11,532.49	税金	（<1>+<2>+<3>+<4>-按规定不计税的工程设备费）*综合费率	☑
29	6	G	单位工程造价	A + B + C + D + F	分部分项工程+措施项目+其他项目+规费+税金		342,925.90	工程造价	<1>+<2>+<3>+<4>+<5>	☑

图 9.22　费用汇总界面

9.8 报　表

单击导航栏"报表",如图 9.23 所示,计价类表格有工程量清单、投标方、招标控制价和其他,可根据需要查看或打印报表即可。如投标方的表格,展开后可多选所需表格,选择批量导出 Excel、批量导出 PDF 或批量打印,如图 9.24 所示。

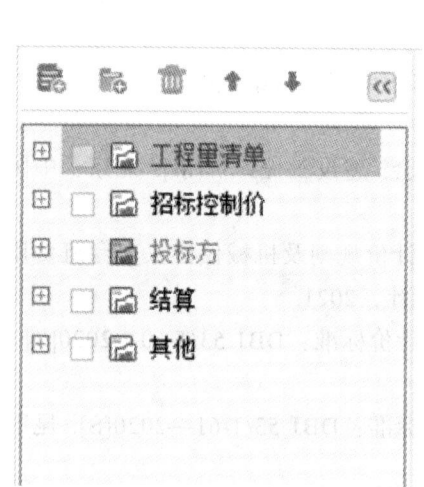

图 9.23　报表界面

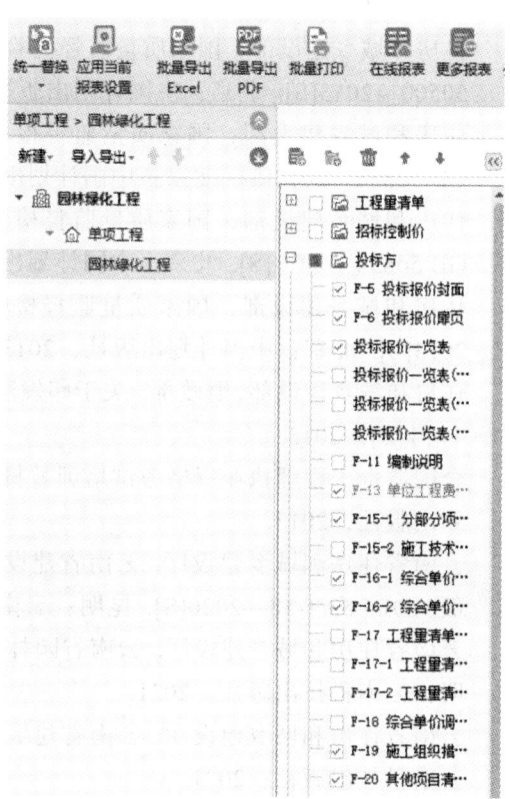

图 9.24　投标方报表界面

参考文献

[1] 中国建设工程造价管理协会. 建设工程造价管理基础知识[M]. 北京：中国计划出版社，2010.

[2] 住房和城乡建设部，国家质量监督检验检疫总局. 建设工程工程量清单计价规范：GB 50500—2013[S]. 北京：中国计划出版社，2013.

[3] 住房和城乡建设部，国家质量监督检验检疫总局. 园林绿化工程工程量计算规范：GB 50858—2013[S]. 北京：中国计划出版社，2013.

[4] 住房和城乡建设部，国家质量监督检验检疫总局. 房屋建筑与装饰工程计量规范：GB 50854—2013[S]. 北京：中国计划出版社，2013.

[5] 住房和城乡建设部，国家质量监督检验检疫总局. 市政工程计量规范：GB 50857—2013[S]. 北京：中国计划出版社，2013.

[6] 住房和城乡建设部，财政部. 关于印发建筑安装工程费用项目组成的通知：建标〔2013〕44号[Z]. 2013.

[7] 全国造价工程师执业资格考试培训教材编审委员会. 建设工程计价[M]. 北京：中国计划出版社，2013.

[8] 云南省住房和城乡建设厅. 云南省建设工程造价计价规则及机械仪器仪表台班费用定额：DBJ 53/T-58—2020[S]. 昆明：云南科技出版社，2021.

[9] 云南省住房和城乡建设厅. 云南省园林绿化工程计价标准：DBJ 53/T-60—2020[S]. 昆明：云南科技出版社，2021.

[10] 云南省住房和城乡建设厅. 云南省建筑工程计价标准：DBJ 53/T-61—2020[S]. 昆明：云南科技出版社，2021.

[11] 云南省住房和城乡建设厅. 云南省通用安装工程计价标准：DBJ 53/T-63—2020[S]. 昆明：云南科技出版社，2021.

[12] 云南省住房和城乡建设厅. 云南省市政工程计价标准：DBJ 53/T-59—2020[S]. 昆明：云南科技出版社，2021.